東京大学工学教程

基礎系 数学
確率・統計 I

東京大学工学教程編纂委員会 編　　縄田和満 著

Probability
and Statistics I
SCHOOL OF ENGINEERING
THE UNIVERSITY OF TOKYO

丸善出版

東京大学工学教程

編纂にあたって

　東京大学工学部，および東京大学大学院工学系研究科において教育する工学はいかにあるべきか．1886 年に開学した本学工学部・工学系研究科が 125 年を経て，改めて自問し自答すべき問いである．西洋文明の導入に端を発し，諸外国の先端技術追奪の一世紀を経て，世界の工学研究教育機関の頂点の一つに立った今，伝統を踏まえて，あらためて確固たる基礎を築くことこそ，創造を支える教育の使命であろう．国内のみならず世界から集う最優秀な学生に対して教授すべき工学，すなわち，学生が本学で学ぶべき工学を開示することは，本学工学部・工学系研究科の責務であるとともに，社会と時代の要請でもある．追奪から頂点への歴史的な転機を迎え，本学工学部・工学系研究科が執る教育を聖域として閉ざすことなく，工学の知の殿堂として世界に問う教程がこの「東京大学工学教程」である．したがって照準は本学工学部・工学系研究科の学生に定めている．本工学教程は，本学の学生が学ぶべき知を示すとともに，本学の教員が学生に教授すべき知を示す教程である．

2012 年 2 月

　　　　　2010–2011 年度
　　　　　東京大学工学部長・大学院工学系研究科長　　北　森　武　彦

東京大学工学教程

刊行の趣旨

　現代の工学は，基礎基盤工学の学問領域と，特定のシステムや対象を取り扱う総合工学という学問領域から構成される．学際領域や複合領域は，学問の領域が伝統的な一つの基礎基盤ディシプリンに収まらずに複数の学問領域が融合したり，複合してできる新たな学問領域であり，一度確立した学際領域や複合領域は自立して総合工学として発展していく場合もある．さらに，学際化や複合化はいまや基礎基盤工学の中でも先端研究においてますます進んでいる．

　このような状況は，工学におけるさまざまな課題も生み出している．総合工学における研究対象は次第に大きくなり，経済，医学や社会とも連携して巨大複雑系社会システムまで発展し，その結果，内包する学問領域が大きくなり研究分野として自己完結する傾向から，基礎基盤工学との連携が疎かになる傾向がある．基礎基盤工学においては，限られた時間の中で，伝統的なディシプリンに立脚した確固たる工学教育と，急速に学際化と複合化を続ける先端工学研究をいかにしてつないでいくかという課題は，世界のトップ工学校に共通した教育課題といえる．また，研究最前線における現代的な研究方法論を学ばせる教育も，確固とした工学知の前提がなければ成立しない．工学の高等教育における二面性ともいえ，いずれを欠いても工学の高等教育は成立しない．

　一方，大学の国際化は当たり前のように進んでいる．東京大学においても工学の分野では大学院学生の四分の一は留学生であり，今後は学部学生の留学生比率もますます高まるであろうし，若年層人口が減少する中，わが国が確保すべき高度科学技術人材を海外に求めることもいよいよ本格化するであろう．工学の教育現場における国際化が急速に進むことは明らかである．そのような中，本学が教授すべき工学知を確固たる教程として示すことは国内に限らず，広く世界にも向けられるべきである．2020年までに本学における工学の大学院教育の7割，学部教育の3割ないし5割を英語化する教育計画はその具体策の一つであり，工学の

教育研究における国際標準語としての英語による出版はきわめて重要である．

　現代の工学を取り巻く状況を踏まえ，東京大学工学部・工学系研究科は，工学の基礎基盤を整え，科学技術先進国のトップの工学部・工学系研究科として学生が学び，かつ教員が教授するための指標を確固たるものとすることを目的として，時代に左右されない工学基礎知識を体系的に本工学教程としてとりまとめた．本工学教程は，東京大学工学部・工学系研究科のディシプリンの提示と教授指針の明示化であり，基礎（2年生後半から3年生を対象），専門基礎（4年生から大学院修士課程を対象），専門（大学院修士課程を対象）から構成される．したがって，工学教程は，博士課程教育の基盤形成に必要な工学知の徹底教育の指針でもある．工学教程の効用として次のことを期待している．

- 工学教程の全巻構成を示すことによって，各自の分野で身につけておくべき学問が何であり，次にどのような内容を学ぶことになるのか，基礎科目と自身の分野との間で学んでおくべき内容は何かなど，学ぶべき全体像を見通せるようになる．
- 東京大学工学部・工学系研究科のスタンダードとして何を教えるか，学生は何を知っておくべきかを示し，教育の根幹を作り上げる．
- 専門が進んでいくと改めて，新しい基礎科目の勉強が必要になることがある．そのときに立ち戻ることができる教科書になる．
- 基礎科目においても，工学部的な視点による解説を盛り込むことにより，常に工学への展開を意識した基礎科目の学習が可能となる．

　　　　　　　　　　東京大学工学教程編纂委員会　　委員長　原　田　　　昇
　　　　　　　　　　　　　　　　　　　　　　　　　幹　事　吉　村　　　忍

基礎系 数学
刊行にあたって

　数学関連の工学教程は全 17 巻からなり，その相互関連は次ページの図に示すとおりである．この図における「基礎」,「専門基礎」,「専門」の分類は，数学に近い分野を専攻する学生を対象とした目安であり，矢印は各分野の相互関係および学習の順序のガイドラインを示している．その他の工学諸分野を専攻する学生は，そのガイドラインに従って，適宜選択し，学習を進めて欲しい．「基礎」は，ほぼ教養学部から 3 年程度の内容ですべての学生が学ぶべき基礎的事項であり，「専門基礎」は，4 年生から大学院で学科・専攻ごとの専門科目を理解するために必要とされる内容である．「専門」は，さらに進んだ大学院レベルの高度な内容で，「基礎」,「専門基礎」の内容を俯瞰的・統一的に理解することを目指している．

　数学は，論理の学問でありその力を訓練する場でもある．工学者はすべてこの「論理的に考える」ことを学ぶ必要がある．また，多くの分野に分かれてはいるが，相互に密接に関連しており，その全体としての統一性を意識して欲しい．

＊　　＊　　＊

　確率・統計は，実験や観察から得られるデータから情報を引き出し，データにもとづいて科学的な結論を導いたり，工学的な意思決定のために用いたりすることのできる，さまざまな手法の体系である．最近では，情報技術の発展に伴い，大量のデータが蓄積されるようになって，データから有用な情報を引き出す技術は多くの分野で重要である．この「確率・統計 I」では確率の基礎から始めて，標準的に用いられる確率分布，母集団と標本の概念，統計的推定と検定の考え方と手順，さらには回帰分析まで，確率・統計の基礎的な内容をまとめている．データ解析例も豊富であり，手法の実際的な意味を確認しながら学ぶことができる．

東京大学工学教程編纂委員会
数学編集委員会

viii 　　基礎系 数学　刊行にあたって

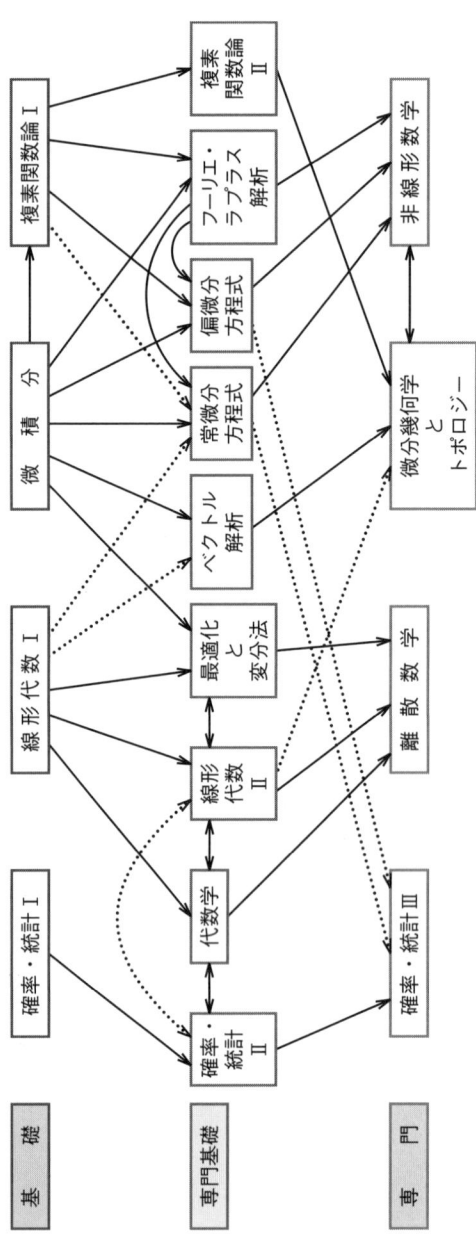

工学教程（数学分野）の相互関連図

目　　次

はじめに	1
1 確率の基礎	**3**
1.1 事象と標本空間	3
1.1.1 事　　象	3
1.1.2 事象の間の関係	4
1.1.3 和事象と積事象	5
1.2 確率の定義	6
1.2.1 確率の公理にもとづく定義と加法定理	6
1.2.2 可算無限	7
1.2.3 確率の意味と経験的確率	8
1.2.4 条件付確率と乗法定理	9
1.2.5 独　　立	10
1.3 順列の数と組合せの数	13
1.3.1 順列の数	13
1.3.2 順列の数の比較による確率の計算	13
1.3.3 Laplace による先験的確率	14
1.3.4 組合せの数の計算	15
1.3.5 組合せの数の比較による確率の計算	16
1.4 Bayes の定理	17
2 確率変数	**21**
2.1 離散型の確率分布	21
2.2 離散型の確率分布の例	23
2.2.1 二項分布	23
2.2.2 Poisson 分布	24

— ix —

		2.2.3 幾何分布と負の二項分布	25
2.3	連続型の確率分布		26
2.4	連続型の確率分布の例		28
	2.4.1	指数分布とガンマ分布	28
	2.4.2	一様分布, ベータ分布, 逆変換法による乱数の発生	30
	2.4.3	正 規 分 布	33
	2.4.4	対数正規分布	33
	2.4.5	Weibull 分布	34
	2.4.6	Cauchy 分布	36
2.5	連続型の確率変数の変換		37
2.6	k 次のモーメントと歪度・尖度		38
	2.6.1	k 次のモーメント	38
	2.6.2	歪 度 と 尖 度	39
	2.6.3	モーメント母関数と特性関数	42

3 多次元の確率分布 **47**

3.1	2 次元の確率分布		47
	3.1.1	同 時 確 率 分 布	47
	3.1.2	共分散と相関係数	48
	3.1.3	周辺確率分布, 条件付確率分布および独立	49
	3.1.4	確率変数の和の分布と期待値・分散	52
3.2	n 次元の確率分布		54
	3.2.1	同 時 確 率 分 布	54
	3.2.2	周辺分布, 条件付分布, 独立	55
	3.2.3	n 個の確率変数の和の期待値, 分散	57
3.3	連続型の確率変数の変換		59
	3.3.1	2 次元の確率変数の変数変換	59
	3.3.2	n 次元の確率変数の変数変換	60
3.4	多次元の確率分布の例		61
	3.4.1	多 項 分 布	61
	3.4.2	多変量正規分布	62
3.5	Riemann–Stieltjes 積分		63

3.6	大数の法則と中心極限定理	64
	3.6.1　大　数　の　法　則	65
	3.6.2　中 心 極 限 定 理	66

4　推 定 と 検 定　　69

4.1	母 集 団 と 標 本	69
	4.1.1　母集団・標本とは	69
	4.1.2　母集団の分布とランダムサンプリング	70
	4.1.3　正 規 母 集 団	70
4.2	点推定と区間推定	70
	4.2.1　μとσ^2の点推定	71
	4.2.2　有限母集団修正	72
	4.2.3　χ^2　分　　　布	72
	4.2.4　t　分　　　布	74
	4.2.5　標本平均の分布	77
	4.2.6　区　間　推　定	77
4.3	仮　説　検　定	79
	4.3.1　仮説検定とは	79
	4.3.2　母平均に関する検定	80
	4.3.3　母 分 散 の 検 定	83
4.4	推定と検定の例	84

5　異なった母集団の同一性の検定とF分布　　89

5.1	2つの母集団の同一性の検定	89
	5.1.1　母平均の差の検定	89
	5.1.2　母分散の比の検定とF分布	91
5.2	3つ以上の母集団の同一性の検定と一元配置分散分析	95
	5.2.1　一元配置のモデル	95
	5.2.2　分　散　分　析	95
5.3	適合度のχ^2検定による独立性の検定	97
	5.3.1　適 合 度 の 検 定	98
	5.3.2　分割表を使った独立性の検定	98

- 5.4 相関係数を使った検定 100
- 5.5 Wilcoxson の検定 101
  - 5.5.1 Wilcoxson の順位和検定 101
  - 5.5.2 Wilcoxson の符号付順位検定 105
- 5.6 検定の例 107
  - 5.6.1 2つの母集団の同一性の検定 107
  - 5.6.2 一元配置分散分析 109
  - 5.6.3 分割表を使った独立性の検定 111
  - 5.6.4 相関係数を使った検定 112
  - 5.6.5 Wilcoxson の検定 113

6 回帰分析 ... 115

- 6.1 単回帰分析 115
  - 6.1.1 線形回帰モデル 115
  - 6.1.2 最小二乗法による推定 116
  - 6.1.3 最小二乗推定量の性質と分散 118
  - 6.1.4 当てはまりの良さと決定係数 R^2 119
  - 6.1.5 回帰係数の標本分布 119
  - 6.1.6 回帰係数の検定 120
  - 6.1.7 定数項を含まない回帰モデル 121
- 6.2 重回帰分析 122
  - 6.2.1 重回帰モデル 122
  - 6.2.2 最小二乗法による重回帰モデルの推定 123
  - 6.2.3 最尤推定量 124
  - 6.2.4 重回帰分析における検定 126
  - 6.2.5 説明変数の選択とモデルの当てはまりの良さの基準 ... 128
  - 6.2.6 ダミー変数 131
- 6.3 回帰分析の例 133

7 ベクトルと行列を使った回帰分析 ... 137

- 7.1 重回帰モデルのベクトルと行列による表示 137
- 7.2 誤差項の分散–共分散行列 138

7.3	最小二乗法と最小二乗推定量		139
	7.3.1	最小二乗法	139
	7.3.2	最小二乗推定量の性質	141
	7.3.3	回帰残差の平方和の期待値	142
	7.3.4	Gauss–Markov の定理の証明	143
7.4	最小二乗推定量の標本分布と検定		144
	7.4.1	推定量,回帰残差の平方和の分布	144
	7.4.2	F 検定量の分布	145
	7.4.3	一部の回帰係数の推定	146
	7.4.4	分散–共分散行列を使った仮説検定	147
	7.4.5	予測の信頼区間	148
7.5	ベクトルと行列を使った分析の例		148

付録 A 確率空間と確率変数,収束の定義　　151

A.1	確率空間		151
	A.1.1	σ 集合体と可測空間	151
	A.1.2	確率測度と確率空間	152
A.2	確率変数と可測関数		153
	A.2.1	確率変数	153
	A.2.2	可測関数	154
	A.2.3	$\Omega = (0, 1]$ の確率空間	154
A.3	収束の定義		155
	A.3.1	概収束	156
	A.3.2	確率収束	157
	A.3.3	平均収束	157
	A.3.4	法則収束	157
	A.3.5	収束間の関係	158
	A.3.6	概収束,確率収束,平均収束の例	159
A.4	確率収束に関する定理		160
	A.4.1	Chebyshev の不等式	160
	A.4.2	確率変数の一方が定数に収束する場合の収束	161

参考文献 **163**

おわりに **167**

索　引 **169**

はじめに

　工学のあらゆる分野において，「不確実性」について扱うことが不可欠となっている．データ分析において対象とする集団全体を母集団とよぶが，母集団全体について知ることは，ほとんどの場合困難であり，多くの場合，母集団からその一部を選び出し，選び出された集団について調査を行い，母集団について推定するということが行われる．母集団から選び出されたものを標本，選び出すことを標本抽出とよぶ．しかしながら，標本は母集団のごく一部である．標本が母集団を良く表しているかどうかは，どのような標本を抽出するかに依存し，不確実性やばらつきの問題が生じる．

　また，自然災害や事故の被害予測では，将来の不確実性を扱うし，量子力学などでは，電子などの挙動はすべて不確定性を伴っている．このような不確実性やばらつきに対応するためには，数学的な道具として，どうしても確率や確率分布・確率変数の基礎的な知識が必要である．

　本書の内容は以下の通りである．第1章では確率の基礎，第2章では確率変数，第3章では多次元の確率分布について説明する．これらは，確率・統計を理解するために必要な数学的な基礎知識となっている．これらにもとづき，第4章では推定と検定，第5章では異なった母集団の同一性の検定について説明する．さらに，第6章ではデータ解析に最も広く使われる手法の1つである回帰分析の基礎，第7章では行列とベクトルと行列を使った回帰分析について説明する．また，付録では確率空間と確率変数，収束の定義について説明している．第7章，付録はやや高度な内容なので，本書の段階では完全に理解しなくともよい．

1 確率の基礎

現在では，工学のあらゆる分野において，「不確実性」について扱うことが不可欠となっている．不確実性やばらつきに対応するためには，数学的な道具として，どうしても確率や確率分布・確率変数の知識が必要である．本章では，確率の基礎について説明する．

1.1 事象と標本空間

1.1.1 事　　象

確率は，物事の起こりやすさを表す．日常生活でもコイン投げでの表が出る確率が 1/2 である，降水確率が 50% であるなどと使われているが，確率が高いほど起こりやすいことを意味している．確率論では，起こりうることがらを**事象**とよぶ．起こりうることがら全体の集合を**標本空間**とよび，Ω で表す．Ω に含まれる要素は，**標本点**とよばれ，ω で表す．ω が Ω の要素である場合，

$$\omega \in \Omega$$

と表す．事象とは，Ω の部分集合で，A, B などと表す．A が Ω の部分集合であるとは，A に含まれるすべての要素が Ω に含まれる場合，すなわち，A が Ω の一部である場合をいう．なお，事象となるためには，**可測**でなければならないが，この詳細については，付録 A で説明する．また，1 つの標本点からなり，分解できないものを**根元事象**，複数の標本点からなり，複数の根元事象に分解可能なものを複合事象とよぶ．A が Ω の部分集合であることは，

$$A \subset \Omega$$

と表す．Ω 自身も Ω の部分集合であるので事象であり，全事象とよばれる．また，起こらないことも 1 つの事象とし，**空事象**とよび $\emptyset$ で表す．($\emptyset$ は数字の 0 に対応する．) 事象は，図 1.1 のように，Ω を長方形で表し，A をその中の円で表すが，これを **Venn** (ベン) 図とよぶ．

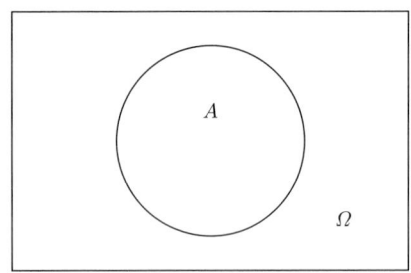

図 1.1 事象は，Ω を長方形で表し，A をその中の円で表すが，これを Venn 図とよぶ．

1.1.2 事象の間の関係

2つの事象 A, B の関係は，図 1.2a〜1.2c のように，

(a) A が B に含まれ，A が B の部分集合である (または，その逆)

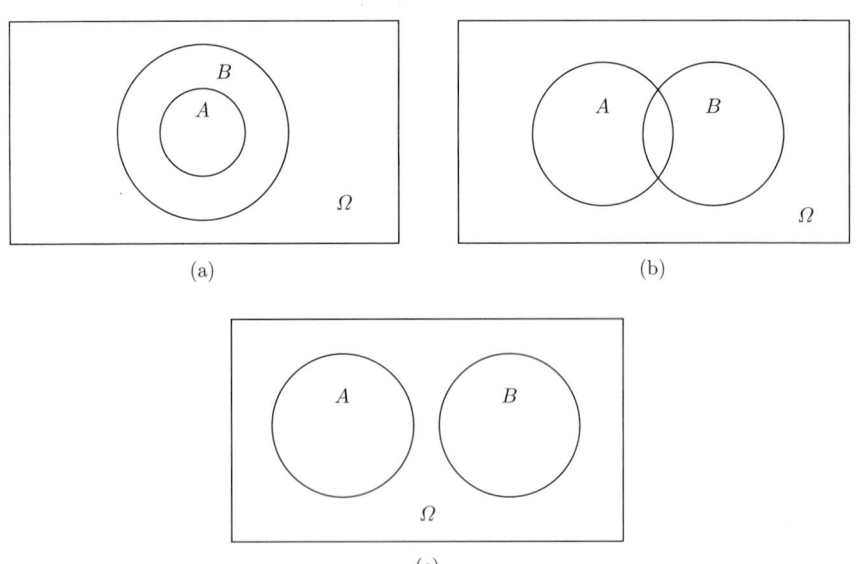

図 1.2 (a) A が B に含まれ，A が B の部分集合である場合，(b) A と B に共通部分がある場合，(c) A と B に共通部分がなく，排反事象である場合

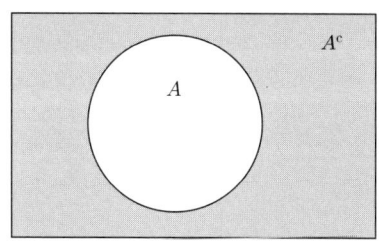

図 1.3　A 以外の部分を補事象とよび，A^c で表す．

(b) A と B に共通部分がある，
(c) A と B に共通部分がない，

のいずれかである．A と B に共通部分がなく，一方が起こると他方は起こらないとき，A と B は**排反事象**であるという．

図 1.3 のように，Ω のうち，A 以外の部分を**補事象**とよび，A^c で表す．A とは同時には起こらないので，排反事象となっている．なお，Ω と $\emptyset$ とは互いに補事象である，すなわち，$\Omega^c = \emptyset, \emptyset^c = \Omega$ とする．補事象が重要になる例としてアリバイがある．これは，目撃者や防犯ビデオの映像などがない場合，犯行現場にいないことを直接示すのは不可能であるから，他の場所にいたことを示すことで犯行現場にいなかったことを示すものである．

1.1.3　和事象と積事象

A と B のうち少なくとも一方が起こることを**和事象**とよび，$A \cup B$ で表す (図 1.4a)．また，A と B の両方が起こることを**積事象**とよび，$A \cap B$ で表す (図 1.4b)．排反事象では $A \cap B = \emptyset$ となる．

3 つの事象 A, B, C については，次の法則が成り立つ．

定理 1.1（分配法則）

$$(A \cup B) \cap C = (A \cap C) \cup (B \cap C) \tag{1.1a}$$

$$(A \cap B) \cup C = (A \cup C) \cap (B \cup C) \tag{1.1b}$$

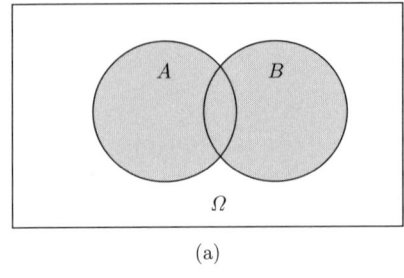 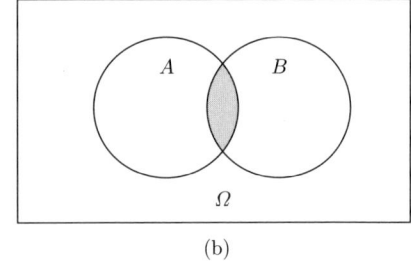

図 1.4 　(a) A と B のうち少なくとも一方が起こることを和事象とよび，$A \cup B$ で表す．(b) A と B の両方が起こることを積事象とよび，$A \cap B$ で表す．

和事象，積事象の名の通り，$\cup$ には足し算，$\cap$ には掛け算の性質があるが，分配法則は (通常の数の計算と異なり) 両者について成り立つ．

また，和事象，積事象の補事象に関しては，次の法則が成り立つ．

定理 1.2 [de Morgan (ド・モルガン) の法則]

$$(A \cup B)^c = A^c \cap B^c \tag{1.2a}$$

$$(A \cap B)^c = A^c \cup B^c \tag{1.2b}$$

1.2 確率の定義

1.2.1 確率の公理にもとづく定義と加法定理

確率は事象の起こりやすさを示す．事象 A の起こる確率は，probability の頭文字をとって，$P(A)$ で表される．ロシアの数学者 Andrey Nikolaevich Kolmogorov (コルモゴロフ，1903〜1987) は，他の数学の分野での問題と同様，公理にもとづいて確率を理論的な体系として説明することに成功した．確率では次の 3 つの公理を設定する．

公理 1.1 (Kolmogorov の公理)

(a) すべての事象 A に対して，$0 \leq P(A) \leq 1$.
(b) $P(\Omega) = 1$

(c) 互いに排反である可算個の事象，$A_1, A_2, A_3, \cdots$ に対して，

$$P(A_1 \cup A_2 \cup A_3 \cup \cdots) = P(A_1) + P(A_2) + P(A_3) + \cdots = \sum_i P(A_i)$$

となる．

注意 1.1 加える事象の数は，無限個でもかまわないが，数えることのできる可算個でなければならない． ◁

後の確率に関する議論は，すべて，この公理にもとづいている．ベン図において，長方形の面積を 1 とすると，$P(A)$ は A の面積に対応している．また，

定理 1.3 (加法定理) 一般の和事象 $A \cup B$ に関しては，

$$P(A \cup B) = P(A) + P(B) - P(A \cap B) \tag{1.3}$$

が成り立つ．

これは，ベン図で $A \cup B$ の面積を求めることに対応している．なお，A, B が排反事象である場合は，$A \cap B = \emptyset$ であり，$P(A \cap B) = P(\emptyset) = 0$．また，3 つの事象 $A \cup B \cup C$ に関しては

$$P(A \cup B \cup C) = P(A) + P(B) + P(C) - P(A \cap B) - P(B \cap C) - P(C \cap A) + P(A \cap B \cap C)$$

である．

1.2.2 可算無限

Georg Ferdinand Ludwig Philipp Cantor (カントール，1845〜1918，ロシア生まれでドイツで活躍した数学者) は無限といってもその濃度[*1]によって種類があることを発見した．最も濃度の小さい無限は，自然数の集合の無限で，これを (数えるということは自然数と対応させることであり，数えられるということで) 可算無限という．この濃度を $\mathcal{N}$ とすると，整数や有理数の集合の濃度も $\mathcal{N}$ であり，これらも可算無限である．有理数[*2]は m/n (m, n は整数で，$n \neq 0$) で表される

[*1] 含まれる要素数の大小を表す概念であるが，数えられないものを含むので濃度とよばれる．
[*2] 有理数は rational number の訳であるが，(誤訳に近く) 良い訳語とはいえない．この場合，rational は比で表せるという意味であり，有比数と訳すべきものである．

数であるから，$a < b$ である任意の 2 点間 (a, b) には無限個含まれることになるが，その集合の濃度は自然数の集合と同じであることになる．一方，実数全体の集合の濃度は $2^\mathcal{N}$ であり，この連続無限の濃度は $\mathcal{N}$ より大きく，数える (自然数と 1 対 1 に対応させる) ことはできない．

なお，Cantor は，$\mathcal{N}$ より濃度が大きく $2^\mathcal{N}$ より濃度の小さい無限は存在しないという「連続体仮説」を立てたが，これは，通常の数学体系からは「正しいとも誤りとも証明することはできず」，Kurt Gödel (ゲーデル，1906〜1978) の第一不完全性定理の例として知られている．

公理 1.1 (c) は 0 はいくつ加えても 0 かという問題と関連している．点はその定義から長さが 0 である．しかしながら，(0, 1) の点のすべての集合を考える (連続無限の濃度での和を認める) とその長さは 1 となってしまう．公理 1.1 (c) はこのような問題を防いでいる．

1.2.3 確率の意味と経験的確率

コインを 1 回投げた場合，出るのは表か裏のいずれかであり，両者が同時に起こるわけではない．では，確率の意味，たとえば，表の出る確率が 1/2 とはどのようなことであろうか．コインを n 回投げて，「表」が r 回出たとする．行った回数は試行回数，目的のことがらの起こった回数 (この場合は「表」が出ること) は，生起回数とよばれている．$n \to \infty$ とすると，経験的確率 r/n は

$$\frac{r}{n} \to \frac{1}{2}$$

となる．すなわち，多数の試行を行った場合，生起回数がほぼその半数となることを意味している．一般的には，事象 A の起こる確率を $P(A) = p_a$ とする．n 回の試行で事象 A が r 回起こったとする．$n \to \infty$ とすると

$$\frac{r}{n} \to p_a$$

となる．この考え方は，3 章で説明する大数の法則とよばれる重要な定理となっている．

1.2.4 条件付確率と乗法定理

いま，つぼに，同じ大きさ，重さ，手触りの玉の白玉を 3 個，赤玉を 3 個入れたとする．玉には，「1」と「2」の数字が書いてあり，白玉は「1」が 2 個，「2」が 1 個，赤玉は「1」が 1 個，「2」が 2 個であるとする．つぼから取り出される確率はすべての玉で等しく，1/6 ずつとする (図 1.5)．1 つ玉を取り出して，数字を当てる賭けを行ったとする．何もわからなければ，「1」，「2」とも 1/2 の確率でどちらが得ということはない．

いま，玉を取り出すとき色が見え，白玉であることがわかったとする．白玉は，「1」は 2 個，「2」は 1 個であり，「1」の確率が 2/3,「2」の確率が 1/3 で，「1」に賭けるのが有利となる．このように，事象 B (白玉である) が起こった場合に事象 A (数字が「1」である) が起こる確率を，B を条件とする A の**条件付確率**とよび，$P(A|B)$ で表す．条件付確率 $P(A|B)$ は，

$$P(A|B) = \frac{P(A \cap B)}{P(B)} \tag{1.4}$$

となる．また，式 (1.4) より次が成り立つ．

定理 1.4 (乗法定理)

$$P(A \cap B) = P(B)\,P(A|B) \tag{1.5}$$

である．A と B を入れ替えると，

$$P(A \cap B) = P(A)\,P(B|A) \tag{1.6}$$

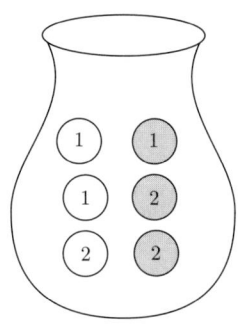

図 1.5 つぼに同じ大きさ，重さ，手触りの玉の白玉が 3 個，赤玉が 3 個入っている．白玉は「1」が 2 個，「2」が 1 個，赤玉は「1」が 1 個，「2」が 2 個であるとする．

と書くこともできる.

上記の例では，白玉で数字が「1」の玉は 2 個であるので，$P(B) = 1/2$, $P(A \cap B) = 1/3$ となり，$P(A|B) = \frac{1}{3}/\frac{1}{2} = 2/3$ である．

例 1.1 つぼに「白玉」5 個と「赤玉」4 個の 9 個の玉を入れたとする．つぼから取り出される確率はすべての玉で等しいとする．取り出した玉はつぼには返さないものとする．いま，2 つの玉を取り出した場合，最初の玉が白，次の玉が赤となる確率を考えてみよう．ここで，A を最初の玉が白，B を 2 番目の玉が赤である事象とする．

最初の玉は白：その確率は 5/9. 2 番目の玉は赤：1 個取り出しているので，最初の玉が白である場合，残りは全体で 8 個，赤では 4 個．その確率は $P(B|A) = 4/8 = 1/2$ である．すなわち，最初に何が取り出されたかによって，その確率が変わる．

したがって，最初の玉が白，次の玉が赤となる確率は，

$$P(A \cap B) = P(A) \times P(B|A) = \frac{5}{9} \times \frac{1}{2} = \frac{5}{18}$$

となる． ◁

問題 1.1 引き分のないゲームにおいて，あるプレーヤーの勝率は，前回の結果に依存し，前回勝った場合 0.7，負けた場合 0.3 となるとする．初戦の勝率は 0.5 とする．

(a) このプレーヤーが初戦から 4 連勝する確率を求めよ．
(b) 6 戦以内に 3 連勝以上する確率を求めよ．
(c) 7 戦して 4 勝以上する確率を求めよ．

1.2.5 独　　立

確率論において，重要な概念に独立性がある．つぼの玉を，図 1.6 のように，白玉 4 個，赤玉 4 個としたとする．白玉・赤玉とも，「1」が 2 個，「2」が 2 個であるとする．前と同様に数字を当てる賭けを行う．この場合，白玉であることがわかっても「1」，「2」とも確率 1/2 であり，色の情報は賭けに役立たない．このように，事象 A (数字が「1」である) の起こる確率が事象 B (白玉である) が起こっ

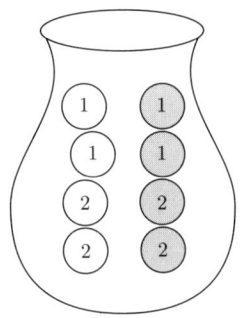

図 1.6 つぼの玉を，白玉 4 個，赤玉 4 個としたとする．今度は白玉・赤玉とも，「1」が 2 個，「2」が 2 個である．

たかどうかに影響されない場合，すなわち，

$$P(A|B) = P(A) \tag{1.7}$$

となる場合，事象は**独立**であるという．これを乗法定理の式 (1.5) に代入すると，

$$P(A \cap B) = P(A)\,P(B) \tag{1.8}$$

となるが，以後はこれを独立の定義とする．[$B = \emptyset$ であるとすると B は起こらないことであり，起こった場合を考えることはできない．一方，式 (1.8) は $P(A) = 0$，$P(B) = 0$ の場合も含んでいるので，定義が広くなっている．]

積事象の確率をおのおのの事象の起こる確率の積として計算できるのは，事象が独立の場合だけである．ある工場で 2 つの安全装置があり，いずれか一方が機能していれば事故は起きないものとする．「安全装置 1 が機能しない」(事象 A) と「安全装置 2 が機能しない」(事象 B) の 2 つが起きた場合に大事故が起るとする．おのおのの失敗を起こす確率は 1 日あたり，1 万分の 1 であるとする．大事故が起る確率が $(1/10^4) \times (1/10^4) = 1/10^8$，すなわち，1 億分の 1 (30 万年に 1 回程度) となるのは両者が独立の場合だけである．独立でない場合は，あくまでも式 (1.5), (1.6) の乗法定理の式を使わなければならない．大地震や大津波などの大規模災害では，同時に 2 つの安全装置が機能しなくなることが想定される．したがって，$P(B|A)$ は 1 万分の 1 でなく大きな値となり，事故の起こる確率は 1 億分の 1 よりずっと大きくなるのが普通である．

誤った公式の使用によって事故の起こる確率が過小評価されており，安全性が過大評価されている場合もあるので，積事象の確率の計算には (工学を学習するものとして) 十分な注意を払う必要がある．

なお，3つの事象 A, B, C が独立であるとは，

$$P(A \cap B) = P(A)\,P(B) \tag{1.9a}$$

$$P(B \cap C) = P(B)\,P(C) \tag{1.9b}$$

$$P(C \cap A) = P(C)\,P(A) \tag{1.9c}$$

$$P(A \cap B \cap C) = P(A)\,P(B)\,P(C) \tag{1.9d}$$

となる場合である．(4つ以上も同様である．)

例 1.2 前と同様に，つぼに「白玉」5個と「赤玉」4個の9個の玉を入れたとする．つぼから取り出される確率はすべての玉で等しいとする．今度は，取り出した玉を毎回つぼに返すものとする．2つの玉を取り出した場合，最初の玉が白，次の玉が赤となる確率を考えてみよう．ここで，A を最初の玉が白，B を2番目の玉が赤である事象とすると，

最初の玉は白：その確率は $P(A) = 5/9$．

2番目の玉は赤：玉を毎回返すので，最初に何が取り出されたかに依存しない．すなわち，A と B は独立で，その確率は $P(B|A) = P(B) = 4/9$．

したがって，最初の玉が白，次の玉が赤となる確率は，

$$P(A \cap B) = P(A) \times P(B) = \frac{5}{9} \times \frac{4}{9} = \frac{20}{81}$$

となる． ◁

問題 1.2 表，裏が出る確率の等しいコインを投げるゲームを行うとする．

(a) 表が先に5回出たら勝ち，裏が先に6回出たら負けとする．このゲームで勝つ確率を求めよ．
(b) 連続5回表が出た場合勝ちとする．10回までに勝ちとなる確率を求めよ．

1.3 順列の数と組合せの数

確率の計算では，順列の数や組合せの数の計算が重要となっている．ここでは，これらについて説明する．

1.3.1 順 列 の 数

とる順番をも考慮して，n 個のものから r 個とる**順列の数**は，何通りあるであろうか．最初は n 個のもののいずれでもかまわないので，n 通りある．次はすでに 1 個とっているので，$n-1$ となる．その次は，2 個すでにとっているので $n-2$ となり，r 個まで順にとっていくと，n 個から r 個とる順列の数 $_nP_r$ は，結局，

$$_nP_r = n \cdot (n-1)(n-2) \cdots [n-(r-1)] = \frac{n!}{(n-r)!} \tag{1.10}$$

となる．$n!$ は n の**階乗**で，$n! = n(n-1)(n-2) \cdots 3 \cdot 2 \cdot 1$ で，0! は 1 と定義される．

例 1.3 つぼに「1」から「9」の数字が書いてある 9 個の玉を入れたとする．つぼから取り出される確率はすべての玉で等しいとする．取り出した玉は毎回つぼに返さないものとする．いま，2 つの玉を取り出して 2 桁の数字をつくる場合 (最初の玉が 10 の位，2 番目の玉が 1 の位) を考えてみよう．この場合，$_9P_2 = 9 \times 8 = 72$ の異なった数字を得ることができる．つぎに，このうち，10 位 (最初の玉) が奇数，1 の位 (次の玉) が偶数となる数字がいくつあるかを考えてみよう．奇数は 5 個，偶数は 4 個であり，$_5P_1 \times _4P_1 = 5 \times 4 = 20$ の異なった数字が得られる． ◁

1.3.2 順列の数の比較による確率の計算

例 1.3 において，各玉が取り出される確率は等しいとする．この場合，10 位が奇数，1 の位が偶数となる確率を求めてみよう．この場合，順列の数を使ってその確率を容易に求めることができる．各順列，たとえば 12 が得られる確率と，98 が得られる確率は同一で 1/72 である．また，これらは互いに排反事象となっている．したがって，

$$P = \frac{\text{目的の順列の数}}{\text{全体の順列の数}} \tag{1.11}$$

として求めることができる．この場合 $P = 20/72 = 5/18$ である．

式 (1.11) は高校までの教科書などで使われている公式であるが，注意すべき点は，この式を使って確率を計算できるのは，次に述べる Laplace 流の定義が成り立つ，すなわち，各順列の得られる確率が等しい場合に限られる点である．

1.3.3 Laplace による先験的確率

現在の確率論は，前項で述べた公理にもとづいているが，初期には，確率は，カードやサイコロを使ったゲームの賭けや保険といった分野で主に研究されてきた．これを体系的にまとめたのが，Pierre-Simon Laplace（ラプラス，1749〜1827）である．n 個の根元事象があり，これらは同等に起こりやすいとする．いま，事象 A が r 個の根元事象を含むとする．Laplace 流の定義は，A の起こる確率は，

$$P(A) = \frac{r}{n}$$

となるというものである．

たとえば，(ジョーカーを除いた) 1 組 52 枚のトランプがあったとし，この中から 1 枚のカードを引いたとする．この場合，引いたカードが「スペード」である確率を考えてみる．「スペード」は 13 枚あり，

$$\text{「スペード」の確率} = \frac{13}{52} = \frac{1}{4}$$

となる．また，「キング」である確率は，「キング」は 4 枚であり，

$$\text{「キング」の確率} = \frac{4}{52} = \frac{1}{13}$$

となる．

1/3 の面積を白，2/3 の面積を黒に塗り分けた的に遠くから矢を射た場合，当る確率は，その面積に比例するとして，

$$\text{「白」に当る確率} = \frac{1}{3}, \quad \text{「黒」に当る確率} = \frac{2}{3}$$

とするのも，「各点において (点には面積がないので，正確には各点を中心に小さな円を考える)，同等に当りやすい」といった考えにもとづいている．

この考え方にもとづけば，確率は，順列の数や組合せの数の数え上げから求めることが可能である．しかしながら，最大の問題点は「これらは同等に起こりや

すい」としていることである．これらは，確かめられたわけではなく，先験的確率とよばれる．当然のことながら，「これらは同等に起こりやすい」ということは，常に成り立つわけではない．このため，この考え方では，「同等に起こりやすい」ということが，ほぼ，確かであると考えられるゲームやくじといった分析には，十分といえるが，その他の複雑な事象の分析を行えないということになる．

たとえば，例 1.3 において，大きさや重さが異なり，奇数が偶数の玉に比較して 2 倍選ばれやすい (すなわち，選ばれる確率は奇数の玉の場合 2/14，偶数の玉の場合 1/14) とする．(2 回目以降も同様に奇数が偶数の玉に比較して 2 倍選ばれやすいとする．) この場合，数字によって得られる確率が次のように異なる．

10 の位が「奇数」，1 の位が「奇数」の数字 (たとえば 13)：$\frac{2}{14} \times \frac{2}{12} = \frac{1}{42}$
10 の位が「奇数」，1 の位が「偶数」の数字 (たとえば 14)：$\frac{2}{14} \times \frac{1}{12} = \frac{1}{84}$
10 の位が「偶数」，1 の位が「奇数」の数字 (たとえば 21)：$\frac{1}{14} \times \frac{2}{13} = \frac{1}{91}$
10 の位が「偶数」，1 の位が「偶数」の数字 (たとえば 24)：$\frac{1}{14} \times \frac{1}{13} = \frac{1}{182}$

したがって，確率は条件付確率と乗法定理を使って求める必要がある．最初の玉が奇数である確率は 10/14 である．次に選ばれる確率は奇数の玉の場合 2/12，偶数の玉の場合 1/12 であるから，2 個目が偶数である条件付確率は，4/12 である．結局，10 位が奇数，1 の位が偶数となる確率は，$(10/14) \times (4/12) = 5/21$ となり，式 (1.11) では求めることはできない．

1.3.4　組合せの数の計算

順列の数ではとる順番を考慮して，すなわち，(A, B, C) や (B, C, A) や (C, A, B) は異なるとして，数を計算した．しかしながら，最終的に A, B, C が得られるということでは同一である．では，とる順番は考慮せず，n 個から r 個を選んだ場合の異なる最終結果の可能な数，すなわち，**組合せの数**はいくつであろうか．n 個から r 個選ぶ組合せの数は ${}_nC_r$ で表される．n 個から r 個選ぶ順列の数は ${}_nP_r$ であるが，同一の組合せに対しては，とる順番によって $r!$ 個の異なるとり方があるので，

$$ {}_nC_r = \frac{{}_nP_r}{r!} = \frac{n!}{(n-r)!r!} \tag{1.12} $$

となる．

ここで，$(p+q)^n$ を考えると，

$$(p+q)^n = \sum_{r=0}^{n} {}_nC_r p^r q^{n-r} \tag{1.13}$$

であるので (これは，**二項定理**とよばれている)，${}_nC_r$ は**二項係数**ともよばれている．

例 1.4 つぼに「1」から「9」の数字が書いてある 9 個の玉を入れたとする．この中から，3 個を取り出す場合，その組合せの数は，

$${}_9C_3 = \frac{9!}{6!3!} = 84$$

である．このうち奇数が 2 個，偶数が 1 個となる組合せ数は，(奇数は 5 個から 2 個，偶数は 4 個から 1 個を選ぶので) ${}_5C_2 \times {}_4C_1 = 10 \times 4 = 40$ である． ◁

1.3.5 組合せの数の比較による確率の計算

例 1.4 において，各玉が取り出される確率は等しいとする．各組合せが得られる確率は 1/84 で等しい．また，得られる結果は互いに排反事象となっている．したがって，順列の場合と同様，目的の結果が得られる確率は，

$$P = \frac{\text{目的の組合せの数}}{\text{全体の組合せの数}} \tag{1.14}$$

で求めることができる．奇数が 2 個，偶数が 1 個となる確率は $P = 40/84 = 10/21$ となる．

順列の数，組合せの数を使った確率の計算の公式は便利なものであり，多くの標準的な問題をこの公式によって簡単に解くことができる．しかしながら，得られる結果の確率が等しくない場合 (たとえば，先ほどの例のように，玉の重さが異なり奇数の玉の方が取り出されやすいなど) は利用することができないのは前に述べた通りである．このような場合は，面倒でも条件付確率および乗法定理からその確率を求める必要がある．

問題 1.3 1 組 52 枚のトランプから，5 枚を取り出す．各札を取り出す確率は等しいとする．

(a) エースが 2 枚以上含まれている確率を求めよ.
(b) キングが 2 枚, クィーンが 1 枚含まれている確率を求めよ.
(c) スリーペア (同一の札が 3 枚そろう) となる確率を求めよ.

問題 1.4 3 個のサイコロを同時に投げるとする. [(a), (b) は各目の出る確率が等しいとする.]

(a) 最大の値が 4 の確率を求めよ.
(b) 目の合計が 10 以下となる確率を求めよ.
(c) サイコロの一面が重くなっており, 1 の出る確率が 2/7, 他の目の出る確率が 1/7 とする. この場合, (a), (b) の確率を求めよ.

問題 1.5 つぼに赤玉 5 個と白玉 7 個が入っているとする. いま, つぼから 1 個ずつ順に玉を取り出していくとする. 玉はつぼに返さず, 各玉を取り出す確率は等しいとする.

(a) 4 個取り出した場合, 赤玉 2 個, 白玉 2 個となる確率を求めよ.
(b) ちょうど 6 回目にすべての赤玉を取り出す確率を求めよ.
(c) 7 回目以内にすべての赤玉を取り出す確率を求めよ.
(d) 赤玉 1 個が取り出される確率は白玉 1 個が取り出される確率の 2 倍であるとする. (a)〜(c) の確率を求めよ.

1.4 Bayes の定理

原因となる事象を B, その結果起こる事象を A とする. B は原因, A は結果であり, B が起こった場合に A の起こる条件付確率 $P(A|B)$ を考えるのが自然である. しかしながら, 結果から原因を知りたい場合もある. たとえば, 医師が患者の症状からその原因となっている病気を知りたい, 河川などで検出された環境物質から汚染源を特定したい, 市場に出荷された農作物をしらべてその原産地が正しく表示されているかどうかを知りたいなどである. このような場合, A を条件とする B の条件付確率 $P(B|A)$ が必要となる. 実験や調査などで求められるものは $P(A|B)$ であるので, $P(B|A)$ を計算する公式が必要となる.

式 (1.5), (1.6) の乗法定理から

$$P(B)\,P(A|B) = P(A)\,P(B|A) = P(A \cap B) \tag{1.15}$$

であり，

$$P(B|A) = \frac{P(A|B)\,P(B)}{P(A)} \tag{1.16}$$

となる．

ここで，原因となる事象は $B_1, B_2, \cdots, B_k$ の k 個であり，これらの事象は互いに排反事象で，これら以外の事象は起こらない，すなわち，

$$B_i \cap B_j = \emptyset \qquad (i \neq j) \tag{1.17a}$$

$$\bigcup_{i=1}^{k} B_i = B_1 \cup B_2 \cup \cdots \cup B_k = \Omega \tag{1.17b}$$

であるとする．事象の分配法則から

$$\begin{aligned} A &= A \cap \Omega = A \cap (B_1 \cup B_2 \cup \cdots \cup B_k) \\ &= (A \cap B_1) \cup (A \cap B_2) \cup \cdots \cup (A \cap B_k) \\ &= \bigcup_{i=1}^{k} (A \cap B_i) \end{aligned} \tag{1.18}$$

である．$B_1, B_2, \cdots, B_k$ は互いに排反事象であり，

$$P(A) = P\left[\bigcup_{i=1}^{k}(A \cap B_i)\right] = \sum_{i=1}^{k} P(A \cap B_i) = \sum_{i=1}^{k} P(A|B_i)\,P(B_i) \tag{1.19}$$

となる．

式 (1.19) を式 (1.16) に代入すると，$P(B_i|A)$ を求める次の定理が得られる．

定理 1.5 [Bayes (ベイズ) の定理]

$$P(B_i|A) = \frac{P(A|B_i)\,P(B_i)}{\sum\limits_{j=1}^{k} P(A|B_j)\,P(B_j)} \tag{1.20}$$

$P(B_i)$ は B_i の**事前確率**，$P(B_i|A)$ は**事後確率**とよばれる．

問題 1.6 ある産物には，A 型，B 型の 2 種類があるとする．3 つの産地で，A 型，B 型の比は，産地 1 が 3:1，産地 2 が 1:1，産地 3 が 1:2 とする．また，市場への

出荷の割合は，産地 1 が 20%，産地 2 が 30%，産地 3 が 50% であるとする．いま，同一の産地から出荷されたが，産地が不明の産物 6 個があり，A 型 4 個，B 型 2 個であったとする．

(a) 各産地ごとに 6 個が A 型 4 個，B 型 2 個となる確率を求めよ．
(b) 産地ごとの事後確率を求めよ．

2 確率変数

前章では，確率の基礎を説明したが，実際の確率の計算には確率変数が使われる．確率変数 X は実数値をとり，標本空間 Ω 上で定義される変数である．(正確な定義に関しては，付録 A を参照)．その確率の散らばり方を確率分布とよぶ．確率分布には，離散型と連続型があるが，まず，離散型の確率変数について説明し，次いで連続型について説明する．さらに，高次のモーメントと歪度・尖度，モーメント母関数と特性関数について説明する．

2.1 離散型の確率分布

1 枚のコインがあり，形のゆがみなどがなく，投げた場合表裏とも同じように出やすい，すなわち，いずれも確率 1/2 であるとする．コインを投げて表が出ると 1 点，裏が出ると 0 点とする．X をコイン投げの結果とすると，X は 0 を確率 1/2 で，1 を確率 1/2 でとることになる．このように，とりうる値 (この場合は 0 と 1) ごとにその確率 (この場合は 1/2 ずつ) が与えられている変数を確率変数，確率の散らばり方を確率分布とよぶ．なお，確率は 0 以上 1 以下で，すべてのとりうる値について合計すると必ず 1 とならなければならない．

一般に確率変数 X が k 個の異なる値 $\{x_1, x_2, \cdots, x_k\}$ をとる場合，確率変数は**離散型**とよぶ．(k は無限大である場合もあるが，とりうる値が自然数 $\{0, 1, 2, \cdots\}$ などのようにとびとびで数えられる可算集合である必要がある．) $X = x_i$ となる確率

$$P(X = x_i) = f(x_i) \qquad (i = 1, 2, \cdots, k) \tag{2.1}$$

を X の**確率分布**とよぶ．ここまでは，x_i ととりうる値に添字を付けたが，以後は表記を簡単にするために添字を省略して，とりうる値をただ単に x と表す．各点における確率は x の関数であり，$f(x)$ は**確率関数**とよばれる．

確率変数 X がある値 x 以下である確率

$$F(x) = P(X \leq x) \tag{2.2}$$

を**累積分布関数**，または単に**分布関数**とよび，

$$F(x) = \sum_{u \leq x} f(u) \tag{2.3}$$

となる．$\sum_{u \leq x}$ は x 以下のとりうる値に対する和を表す．X のとりうる値以外でも $F(x)$ はすべての値に関して定義可能で，とりうる値で階段状にジャンプする単調増加関数である．また，$\lim_{x \to -\infty} F(x) \to 0$ および $\lim_{x \to \infty} F(x) \to 1$ であり，$F(x)$ は右側から連続である．

確率分布の特徴を表すものとして広く使われるものに (分布の位置を表す) 代表値と (ばらつき具合を表す) 散らばりの尺度がある．代表値としては，**期待値** (または**平均**とよばれる)，中央値 (メディアン)，モードなどがある．期待値は

$$E(X) = \sum_{x} x f(x) \tag{2.4}$$

で定義される．$\sum_{x}$ はすべてのとりうる値での和を表している．以後，統計学の一般的な表示方法に従い，期待値を μ で表す．

中央値 x_m は，ちょうど真ん中 (50%) の点で，

$$P(X \leq x) = F(x) \geq \frac{1}{2} \tag{2.5}$$

を満たす最小の x とする．また，モード x_0 は，確率関数 $f(x)$ を最大にする値で，この値をとる確率が最も高くなる．

一方，散らばりの尺度として最も一般的なものは，**分散**で，

$$V(X) = E[(X - \mu)^2] = \sum_{x} (x - \mu)^2 f(x) \tag{2.6}$$

で定義される．以後，分散は σ^2 で表す．分散 σ^2 の平方根は**標準偏差**とよばれる．

なお，一般に，離散型の確率変数 X の関数 $g(X)$ の期待値は，

$$E[g(X)] = \sum_{x} g(x) f(x) \tag{2.7}$$

である．

問題 2.1 2つのサイコロを同時に投げたとする．X を2つの目の和，Y を2つの目の積とする．X, Y の確率分布を求めその期待値，分散を求めよ．なお，各目の出る確率は等しいとする．

2.2 離散型の確率分布の例

応用上も重要な離散型分布の例として二項分布，Poisson (ポアソン) 分布，幾何分布・負の二項分布について説明する．(その他の確率分布については，巻末の参考書 [5] を参照せよ．また，確率関数，累積分布関数は Excel などによって簡単に求めることができるが，それについては，巻末の参考文献 [17] を参照せよ．)

2.2.1 二 項 分 布

表の出る確率が 1/2, 裏の出る確率が 1/2 であるコインを投げて，表が出ると 1 点，裏が出ると 0 点とする．このコインを 2 回投げたとし，各回の試行は独立であるとする．[このような試行を **Bernoulli** (ベルヌーイ) **試行**とよぶ．] その合計得点を X とすると，とりうる値は $x = 0, 1, 2$ であり，それぞれの得点となるのは，1 回目，2 回目の結果が

$$
\begin{aligned}
&0 点: \quad (T, T) \\
&1 点: \quad (H, T), (T, H) \\
&2 点: \quad (H, H)
\end{aligned}
$$

の場合である [表 (head) を H, 裏 (tail) を T で表す]．1 回目と 2 回目の試行は，独立であり，(T,T), (H,T), (T,H), (H,H) となる確率は，すべて $(1/2) \times (1/2) = 1/4$ である．また，これら 4 つは互いに排反事象で，

$$
\begin{aligned}
&X = 0 となる確率: \quad \tfrac{1}{4} \\
&X = 1 となる確率: \quad \tfrac{1}{4} + \tfrac{1}{4} = \tfrac{1}{2} \\
&X = 2 となる確率: \quad \tfrac{1}{4}
\end{aligned}
$$

となる．

これを一般化して，表の出る確率が p, 裏の出る確率が $q = 1-p$ であるコインを n 回投げたとする．$x = 0, 1, 2, \cdots, n$ であるが，各点に対する確率は，

$$f(x) = {}_nC_x p^x q^{n-x} = {}_nC_x p^x (1-p)^{n-x} \tag{2.8}$$

で与えられる．この分布を**二項分布**とよび，本書では，$Bi(n, p)$ で表す．二項分布では，期待値が $\mu = np$, 分散が $\sigma^2 = n \cdot p(1-p)$ となる．また，モードは，$p(n+1) - 1 \le x \le p(n+1)$ を満たす整数となる．

問題 2.2 放射性原子核が崩壊してその生存確率が半分になるまでの期間を半減期という．ウラン 238 の半減期は $4.468 \times 10^9 = 44$ 億 6800 万年であるから，ほぼ，地球が誕生してからの期間に相当する．ここでは，両者が等しいとする．地球誕生時に存在した 10 個のウラン 238 原子を考える．これらが現在存在している個数ごとの確率を求めよ．

2.2.2 Poisson 分布

一定量のウランのような半減期の長い元素があったとし，一定の観測時間内に何個の原子が崩壊するかその分布について考えてみよう．個々の原子が観測時間内に崩壊する確率は非常に小さいが，非常に多くの原子があるため，適当な長さの観測時間をとればその時間内にいくつかの原子の崩壊が記録される．このように二項分布において，対象となる n が大きいが，起こる確率 (生起確率) p が小さく両方が釣り合って $n \cdot p = \lambda$ を満足するケースを考えてみよう．この場合，X の確率分布を二項分布から求めることは困難であるが，$n \to \infty, p \to 0$ となった極限 ($n \cdot p = \lambda$ は極限でも満足されるとする) の分布は **Poisson** (ポアソン) **の小数の法則**により

$$f(x) = \frac{e^{-\lambda}\lambda^x}{x!} \qquad (x = 0, 1, 2, \cdots) \tag{2.9}$$

である．この分布を **Poisson 分布**とよび，本書では $P_0(\lambda)$ で表す．Poisson 分布は二項分布の極限であるが，Poisson 分布は λ のみに依存するので，n と p を個別に知る必要はない．

Poisson 分布は，一定時間内の放射性元素の崩壊数，事故の発生件数，不良品数，突然変異数など，個々の生起確率は小さいが分析対象が多くの要素からなる場合の分析に，工学の分野を問わず広く用いられている．Poisson 分布は期待値が $\mu = \lambda$，分散が $\sigma^2 = \lambda$ で，期待値と分散が一致する．また，モード x_0 は，

$$x_0 = \begin{cases} 0 & (\lambda < 1) \\ \lambda \text{を超えない最大の整数 (整数の場合は } \lambda - 1 \text{ と } \lambda \text{の両方)} & (\lambda \geq 1) \end{cases}$$

となる．

問題 2.3 天然に存在するウランには 234, 235, 238 の 3 つの同位体が存在する．これらの質量，半減期，構成比は表 2.1 の通りである．質量は炭素 12 を 12 とす

表 2.1 純粋な天然ウランに含まれるウランの概要

種類	質量	半減期 (年)	構成比
ウラン 234	234.041	$2.455 \times 10^5 =$ 24 万 5500 年	0.0054%
ウラン 235	235.044	$7.038 \times 10^8 =$ 7 億 380 万年	0.7204%
ウラン 238	238.051	$4.468 \times 10^9 =$ 44 億 6800 万年	99.2742%

(出典) 国立天文台 編:理科年表,第 84 冊 (平成 23 年),丸善,2011.

るものである.アボガドロ数を (6.022×10^{23}) とする.いま,0.1mg の純粋な天然ウランがあったとする.1 秒間にいくつのウラン原子が崩壊するか,個数ごとにその確率を求めよ.また,期待値,分散を求めよ.

なお,ウラン 234 は存在確率が非常に小さいのにもかかわらず,大部分を占めるウラン 238 とほぼ同数の崩壊が観測されることになる.これは,ウラン 234 がウラン 238 の崩壊の結果 (これは**ウラン系列**とよばれ,ウラン 238→ トリウム 234→ プロトアクチニウム 234→ ウラン 234 のように崩壊していき,最終的に鉛 206 を生じる) 生成され,ウラン 238 とウラン 234 が天然ウラン中で放射平衡を形成しているためと考えられる.また,ウラン 235 の崩壊は**アクチニウム系列**とよばれ,ウラン 235→ トリウム 231→ プロトアクチニウム 231 を経て最終的には鉛 207 となる.なお,トリウム 234,プロトアクチニウム 234,トリウム 231 は半減期が短いため (最も長いトリウム 234 で 24.1 日),合計の放射能の量は 200 日頃まで増加し,初期の 2 倍程度になる.トリウム 230,プロトアクチニウム 231 は半減期が 7 万 5380 年,3 万 276 年と長いため,この問題ではこれらの崩壊の影響は無視できる.

2.2.3 幾何分布と負の二項分布

a. 幾何分布

二項分布の場合と同様,表の出る確率が p,裏の出る確率が $q = 1 - p$ であるコインを投げる Bernoulli 試行を行ったとする.表が出る (成功する) までコインを投げ続けるとする.(表が出た場合,終了する.) 表が出るまでの回数を X とすると,とりうる値は $x = 1, 2, \cdots$ である.この場合,最後が表で,それまでの $x - 1$ 回は,裏でなければならないので,確率関数は,

$$f(x) = p(1-p)^{x-1} \tag{2.10}$$

となる．この分布を**幾何分布**とよぶ．この分布は期待値 $\mu = 1/p$, 分散 $\sigma^2 = (1-p)/p^2$ である．

b. 負の二項分布の確率関数

幾何分布を拡張して，r 回表が出る (r 回成功する) までコインを投げ続けたとする．表が r 回出るまでに裏の出る回数 (失敗の回数) を X とすると，この確率関数は，

$$f(x) = {}_{r+x-1}C_x p^r (1-p)^x \quad (x=0,1,2,\cdots) \tag{2.11}$$

となるが，この分布は**負の二項分布**または Pascal (パスカル) 分布とよばれる．[本書では，$NeBi(r, p)$ で表す．] 負の二項分布では，期待値が $\mu = r(1-p)/p$, 分散が $\sigma^2 = r(1-p)/p^2$ となっている．

ここで，$(1-p)^{-r}$ の Taylor (テーラー) 展開を考えると

$$(1-p)^{-r} = 1 + \frac{r}{1!}p + \frac{r(r+1)}{2!}p^2 + \cdots = \sum_{x=0}^{\infty} {}_{r+x-1}C_x p^x \tag{2.12}$$

である．これは，負の二項展開とよばれるが，$(1-p)^x$ の係数は式 (2.11) と同一であるため，この分布は，負の二項分布とよばれている．

なお，二項分布では $\mu > \sigma^2$, Poisson 分布では $\mu = \sigma^2$, 負の二項分布では $\mu < \sigma^2$ となっている．これらの分布間には，密接な関係があり，たとえば，Poisson 分布において λ に後ほど説明するガンマ分布を仮定すると，負の二項分布が得られることが知られている．

2.3 連続型の確率分布

確率変数 X が長さ，重さ，面積などの連続する変数の場合，すでに述べたように，とりうる値は連続無限である．とりうる各点に確率を与えていく方式ではすべての点の確率が 0 となってしまい，先ほどのようには定義できない．このような変数を**連続型の確率変数**とよぶ．連続型の確率変数では小さなインターバルを考えて，X が x から $x + \Delta x$ の間に入る確率 $P(x < X \leq x + \Delta x)$ を考える．この値は Δx を小さくすると 0 へ収束してしまうので，Δx で割って $\Delta x \to 0$ とし

た極限を $f(x)$, すなわち,

$$f(x) = \lim_{\Delta x \to 0} \frac{P(x < X \leq x + \Delta x)}{\Delta x} \tag{2.13}$$

を考える. (本書では収束しない分布は考えない.) $f(x)$ は**確率密度関数**とよばれ, X が a と b (a と b は $a < b$ を満足する任意の定数) の間に入る確率は, $f(x)$ を定積分して

$$P(a < X \leq b) = \int_b^a f(x)\,\mathrm{d}x \tag{2.14}$$

で与えられる. なお, 連続型の確率分布では各点をとる確率は 0 であるので, $P(a < X < b) = P(a < X \leq b) = P(a \leq X \leq b)$ であるが, すべての実数値を重複なくとるように半開区間を考えることとする.

また, 累積分布関数 $F(x) = P(X \leq x)$ は

$$F(x) = \int_{-\infty}^x f(u)\,\mathrm{d}u \tag{2.15}$$

で, 期待値 μ および分散 σ^2 は,

$$\mu = \int_{-\infty}^\infty x f(x)\,\mathrm{d}x \tag{2.16a}$$

$$\sigma^2 = \int_{-\infty}^\infty (x-\mu)^2 f(x)\,\mathrm{d}x \tag{2.16b}$$

で与えられる. 離散型の場合と同様, 分散の平方根 σ は標準偏差とよばれる.

なお, 一般に, 連続型の確率変数 X の関数 $g(X)$ の期待値 $E[g(X)]$ は,

$$E[g(X)] = \int_{-\infty}^\infty g(x)\,f(x)\,\mathrm{d}x \tag{2.17}$$

となる.

また, 中央値 x_m は, $F(x) = 1/2$ を満たす x, すなわち,

$$x_\mathrm{m} = F^{-1}(1/2) \tag{2.18}$$

である. F^{-1} は F の逆関数である. モード x_0 は, 確率密度関数 $f(x)$ を最大にする値で, この値の周辺の値をとる確率が最も高くなる.

問題 2.4 図 2.1 のように確率密度関数が三角形となる分布を三角分布とよぶ ($a < b < c, d > 0$).

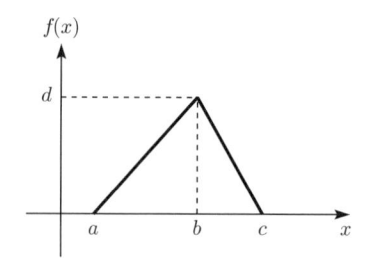

図 2.1 三角分布の確率密度関数

(a) a, b, c, d の満たすべき条件を求めよ．
(b) 確率密度関数・累積分布関数の式を求めよ．
(c) 期待値・分散を求めよ．

2.4 連続型の確率分布の例

ここでは，連続分布の重要な例として，指数分布，ガンマ分布，一様分布，ベータ分布，正規分布，対数正規分布，Weibull 分布，Cauchy 分布について説明する．

2.4.1 指数分布とガンマ分布

a. 指 数 分 布

放射性の原子があったとする．**指数分布**は，その原子が崩壊するまでの時間の分布を表す．確率密度関数は

$$f(x) = \begin{cases} \lambda e^{-\lambda x} & (x \geq 0) \\ 0 & (x < 0) \end{cases} \tag{2.19}$$

累積分布関数は，

$$F(x) = \begin{cases} 1 - e^{-\lambda x} & (x \geq 0) \\ 0 & (x < 0) \end{cases} \tag{2.20}$$

となる．期待値 μ と分散 σ^2 は，それぞれ

$$\mu = \frac{1}{\lambda}, \qquad \sigma^2 = \frac{1}{\lambda^2} = \mu^2 \tag{2.21}$$

となる。x までに崩壊しない生存確率は $1 - F(x) = e^{-\lambda x}$ であるので，μ だけ時間がたつと生存確率は，$1/e = 1/2.7182\cdots = 0.3678\cdots$ となる。放射性の原子の場合，μ は平均寿命とよばれている。また，生存確率が半分になるまでの時間は**半減期**とよばれている。半減期は $e^{-\lambda x} = 1/2$ を満足するので，$\log 2/\lambda$ となる。また，中央値は $x_\mathrm{m} = \log 2/\lambda$，モードは $x_0 = 0$ である。

ところで，先ほど説明した Poisson 分布は，個々の生起確率は非常に小さいが，対象とする集団の構成要素数が非常に大きい場合に，一定の観測時間内にある現象が起こる回数の分布であったが，指数分布は目的のことがらが起こってから，次に起こるまでの時間の分布を表している。

問題 2.5 表 2.1 の通り，ウラン 238 の半減期の方が 6 倍以上長く，過去にはより多くのウラン 235 が存在したことになる。過去に遡って指数分布からウランの構成比率を求めよ。

ウラン 235 は天然に存在する物質の崩壊からは生成されず，II 型の超新星爆発によってのみ生成される。ウラン 235,238 の比率は地球のみならず，太陽系でもほぼ一定であり，これは太陽系が 1 つの超新星爆発の結果できたことを意味しているとされている。また，現在の原子炉 (軽水炉) では天然ウランを濃縮した，ウラン 235 の濃度が 3〜5% のものが燃料として使われているから，この結果から 20 億年程度以前なら，条件次第で天然の (核分裂が連鎖的に続く) 原子炉が存在した可能性があることになる。1972 年にフランス原子力庁によってアフリカのガボン共和国にあるオクロ鉱山でこのような跡が実際に発見された。ここでの鉱石はウラン 235 の濃度が低く，また，他の証拠などから天然原子炉が実際に存在したと考えられている。この天然の原子炉は数十万年間，数十 kW 程度の出力で続いたようである。約 20 億年前のことである[18]。(現在のところ，これ以外の天然原子炉は発見されていない。)

b. ガンマ分布

ガンマ分布は指数分布を一般化したものである。その確率密度関数は，$\alpha > 0$ に対し，

$$f(x) = \begin{cases} \dfrac{1}{\beta^\alpha \Gamma(\alpha)} x^{\alpha-1} e^{-x/\beta} & (x \geq 0) \\ 0 & (x < 0) \end{cases} \tag{2.22}$$

で与えられる．$\Gamma(\alpha)$ は**ガンマ関数**で，

$$\Gamma(\alpha) = \int_0^\infty x^{\alpha-1} e^{-x} dx \tag{2.23}$$

である．ガンマ関数は，n の階乗を一般化したもので，α が正の整数の場合，

$$\Gamma(\alpha) = (\alpha-1)! \tag{2.24}$$

となり，また，

$$\Gamma\left(\frac{1}{2}\right) = \sqrt{\pi} \tag{2.25}$$

である．$\Gamma(1) = 0! = 1$ であり，$\alpha = 1$ の場合，この分布は指数分布 $(\lambda = 1/\beta)$ となっている．本書では，ガンマ分布を $Ga(\alpha, \beta)$ と表すこととする．

注意 2.1 $X_1, X_2, \cdots, X_\alpha$ が独立で指数分布に従うとき (α は正の整数)，その和 $X_1 + X_2 + \cdots + X_\alpha$ の分布は，$Ga(\alpha, \beta), \beta = 1/\lambda$ となる．　　　◁

累積分布関数は，α が整数の場合および $\beta = 1$ の場合，

$$F(x) = \begin{cases} 1 - e^{-x/\beta} \left[\displaystyle\sum_{i=0}^{\alpha-1} \frac{(x/\beta)^i}{i!} \right] & (\alpha \text{ が整数の場合}) \\ \dfrac{1}{\Gamma(\alpha)} \displaystyle\int_0^x z^{\alpha-1} e^{-z} dz & (\beta = 1 \text{ の場合}) \end{cases} \tag{2.26}$$

となる．($\int_0^x z^{\alpha-1} e^{-z} dz$ は**不完全ガンマ関数**とよばれている．)

ガンマ分布の期待値 μ および分散 σ^2 は，

$$\mu = \alpha\beta, \qquad \sigma^2 = \alpha\beta^2 \tag{2.27}$$

となる．また，$\alpha \geq 1$ の場合，モードは

$$x_0 = (\alpha - 1)\beta \tag{2.28}$$

となる．

2.4.2　一様分布，ベータ分布，逆変換法による乱数の発生

a.　一　様　分　布

一様分布は，区間 (a, b) 間の各値 (正確には小さなインターバル) を等しい確率でとる分布で，確率密度が

$$f(x) = \begin{cases} \dfrac{1}{b-a} & (a < x < b) \\ 0 & (x \leq a,\ b \leq x) \end{cases} \quad (2.29)$$

で与えられる分布である．期待値 μ および分散 σ^2 は，それぞれ

$$\mu = \frac{a+b}{2}, \qquad \sigma^2 = \frac{(b-a)^2}{12} \quad (2.30)$$

となる．本書では，一様分布を $U(a,b)$ で表すこととする．このうち，$a=0, b=1$ すなわち，区間 $(0,1)$ の一様分布 $U(0,1)$ は特に重要で，乱数を発生させる場合，他の分布に従う乱数はこの分布に従う乱数をもとにして発生させる．

b. ベータ分布

ベータ分布は，x が $(0,1)$ の範囲で表される (確率密度関数が正の値となる) 確率分布で，その確率密度関数は，$\alpha > 0, \beta > 0$ に対して，

$$f(x) = \begin{cases} \dfrac{x^{\alpha-1}(1-x)^{\beta-1}}{B(\alpha,\beta)} & (0 < x < 1) \\ 0 & (x \leq 0,\ 1 \leq x) \end{cases} \quad (2.31)$$

となる．[なお，$0 \leq x \leq 1$ とすると，$\alpha < 1, \beta < 1$ の場合，両端で $f(x)$ を定義できなくなってしまうので，x の範囲は $0 < x < 1$ とする．] $B(\alpha,\beta)$ は，**ベータ関数**で，

$$B(\alpha,\beta) = \int_0^1 z^{\alpha-1}(1-z)^{\beta-1}\,\mathrm{d}z \quad (2.32)$$

である．式 (2.23) のガンマ関数との間には，

$$B(\alpha,\beta) = \frac{\Gamma(\alpha)\Gamma(\beta)}{\Gamma(\alpha+\beta)} \quad (2.33)$$

という関係がある．

また，この累積分布関数は，

$$F(x) = \frac{1}{B(\alpha,\beta)} \int_0^x z^{\alpha-1}(1-z)^{\beta-1}\,\mathrm{d}z \quad (2.34)$$

である．$\int_0^x z^{\alpha-1}(1-z)^{\beta-1}\,\mathrm{d}z$ は**不完全ベータ関数**とよばれているため，これは不完全ベータ比とよばれている．

$\alpha = 1, \beta = 1$ の場合は，区間 (0,1) の一様分布 $U(0,1)$ となるので，$U(0,1)$ はベータ分布の特殊なものとなっている．α, β の値を適当に選択することによって，ベータ分布は，いろいろな形の分布を表すことが可能である．

ベータ分布の期待値 μ および分散 σ^2 は，それぞれ

$$\mu = \frac{\alpha}{\alpha + \beta}, \qquad \sigma^2 = \frac{\alpha\beta}{(\alpha+\beta)^2(\alpha+\beta+1)} \tag{2.35}$$

である．また，$\alpha > 1, \beta > 1$ の場合，モード x_0 は，

$$x_0 = \frac{\alpha - 1}{\alpha + \beta - 2} \tag{2.36}$$

となる．本書では，ベータ分布を $Be(\alpha, \beta)$ と表すこととする．

c. 逆変換法による乱数の発生

コンピュータを使って大量乱数を発生させていろいろな模擬実験 (コンピュータシミュレーション) を行うことができる．一般に乱数を発生させる場合，まず，$U(0,1)$ に従う一様乱数を発生させる．(コンピュータでは一定の公式に従って乱数を発生させるので完全にランダムでないため，疑似乱数とよばれることもある．)

一様乱数から目的の乱数を発生させる方法の1つに逆変換法がある．累積分布関数 $y = F(x)$ では y は x の関数であるが，連続型の分布の場合，逆に x を y の関数として書き換えてみる．この関数を逆関数とよび，$x = F^{-1}(y)$ と表す．いま，u を $(0,1)$ の一様乱数とすると，$x = F^{-1}(u)$ は累積分布関数が $F(x)$ である分布に従う乱数となる．

なぜなら，この場合は任意の定数 c に対して $F^{-1}(u) \le c \Leftrightarrow u \le F(c)$ であり，

$$P(x \le c) = P(F^{-1}(u) \le c) = P(u \le F(c)) = F(c) \tag{2.37}$$

となり，x は目的とする分布に従う乱数であることになる．

たとえば，指数分布は，$y = F(x) = 1 - e^{-\lambda x}$ $(x \ge 0)$ であるから，$x \ge 0$ で逆関数は $x = F^{-1}(y) = -(1/\lambda)\log(1-y)$ となる．u が $(0,1)$ の一様乱数である場合，$1-u$ も $(0,1)$ の一様乱数であるので，指数乱数は $-(1/\lambda)\log u$ から発生させることができる．

2.4.3 正規分布

正規分布は,統計学で用いられる最も重要な分布の 1 つである.この分布は **Gauss**(ガウス)**分布**ともよばれる.工学分野においても多くの現象がこの分布にあてはまるばかりでなく,多くの統計学の理論が正規分布や正規分布から派生する分布にもとづいている.

正規分布の確率密度関数は

$$f(x) = \frac{1}{\sqrt{2\pi}\sigma} \exp\left[\frac{-(x-\mu)^2}{2\sigma^2}\right] \tag{2.38}$$

で,期待値・中央値・モードはいずれも μ,分散は σ^2 で,μ に対して左右対称のきれいな山形の分布となっている.

注意 2.2 以後,本書においては,e^a において a の部分が複雑な関数形の場合,表記をわかりやすくするため,$\exp a$ と表すものとする. ◁

期待値 μ,分散 σ^2 の正規分布は $N(\mu, \sigma^2)$ と表される.特に $\mu = 0$,$\sigma^2 = 1$ の正規分布 $N(0,1)$ を**標準正規分布**とよび,その確率密度関数を ϕ で表す.標準正規分布の累積分布関数は Φ と表される.

正規分布は,

(1) X が $N(\mu, \sigma^2)$ に従っているとき,$aX + b$ は $N(a\mu + b, a^2\sigma^2)$ に従う.[したがって,標準化変数 $(X - \mu)/\sigma$ は標準正規分布に従う.]
(2) X と Y が独立で,それぞれ $N(\mu_x, \sigma_x{}^2)$,$N(\mu_y, \sigma_y{}^2)$ に従うとき,$X + Y$ は正規分布 $N(\mu_x + \mu_y, \sigma_x{}^2 + \sigma_y{}^2)$ に従う.

という扱いやすい特徴がある.

2.4.4 対数正規分布

対数をとった,$Y = \log X$ が正規分布に従う分布が**対数正規分布**である(2.5 節参照).確率密度関数は

$$f(x) = \begin{cases} \dfrac{1}{\sqrt{2\pi}\sigma x} \exp\left[-\dfrac{(\log x - \mu)^2}{2\sigma^2}\right] & (x > 0) \\ 0 & (x \leq 0) \end{cases} \tag{2.39}$$

で，

$$\text{期待値} = \exp\left(\mu + \frac{\sigma^2}{2}\right) \tag{2.40a}$$

$$\text{分散} = \exp(2\mu + \sigma^2)[\exp(\sigma^2) - 1] \tag{2.40b}$$

$$\text{中央値 } x_\mathrm{m} = \exp\mu \tag{2.40c}$$

$$\text{モード } x_0 = \exp(\mu - \sigma^2) \tag{2.40d}$$

である．

2.4.5 Weibull 分布

指数分布は，一定の割合で機械や設備の故障が起こる場合，それが起こるまでの時間の分布を表す．しかしながら，機械や設備が新しい間は，故障はあまり起こらずに，古くなり劣化や老朽化が進行するに従って，故障を起こしやすくなるのが普通である．また，機械を設置した当初には，初期トラブルが発生して故障率が高く，運転に慣れるに従い故障率が減少するといったことも数多く経験する．故障率が時間によって変化すると，指数分布では故障の起こる状況をうまく表すことはできない．このような場合に使われるのが，**Weibull**（ワイブル）**分布**である．

Weibull 分布の確率密度関数・累積分布関数は，$\alpha > 0, \beta > 0$ に対して，

$$f(x) = \begin{cases} \dfrac{\alpha x^{\alpha-1}}{\beta^\alpha} \exp\left[-\left(\dfrac{x}{\beta}\right)^\alpha\right] & (x \geq 0) \\ 0 & (x < 0) \end{cases} \tag{2.41a}$$

$$F(x) = \begin{cases} 1 - \exp\left[-\left(\dfrac{x}{\beta}\right)^\alpha\right] & (x \geq 0) \\ 0 & (x < 0) \end{cases} \tag{2.41b}$$

である．α は尺度パラメータ，β は形状パラメータとよばれている．期待値 μ，分散 σ^2 は，

$$\mu = \beta\Gamma\left(1 + \frac{1}{\alpha}\right), \qquad \sigma^2 = \beta^2\left\{\Gamma\left(1 + \frac{2}{\alpha}\right) + \left[\Gamma\left(1 + \frac{1}{\alpha}\right)\right]^2\right\} \tag{2.42}$$

中央値 x_m, モード x_0 は，それぞれ

$$x_\mathrm{m} = \beta (\log 2)^{1/2} \tag{2.43a}$$

$$x_0 = \begin{cases} \beta \left(1 - \dfrac{1}{\alpha}\right)^{1/\alpha} & (\alpha > 1) \\ 0 & (\alpha \leq 1) \end{cases} \tag{2.43b}$$

である．$\alpha = 1$ の場合，Weibull 分布は指数分布となっている．また，$\beta = 1$ の場合は，標準 Weibull 分布とよばれる．

ここで，$1 - F(x)$ は故障が起こらず x まで無事に生存しているという生存確率である．したがって，ある時間 x までに故障しなかったという条件のもとで，次の Δx の間に故障が起こる確率は，

$$\frac{f(x)}{1 - F(x)} \Delta x$$

となる．

$$h(x) = \frac{f(x)}{1 - F(x)} \tag{2.44}$$

は，危険度関数，または**ハザード関数**とよばれる．Weibull 分布では，

$$h(x) = \frac{\alpha x^{\alpha - 1}}{\beta^\alpha} \tag{2.45}$$

である．

$\alpha = 1$ の場合，

$$h(x) = \lambda, \qquad \lambda = \frac{1}{\beta} \tag{2.46}$$

となり，危険度関数は一定の値となる．$G(x) = 1 - F(x)$, $g(x) = \mathrm{d}G/\mathrm{d}x$ とおくと，$f(x) = \mathrm{d}F/\mathrm{d}x$ であり，式 (2.46) は，

$$\frac{g}{G} = -\lambda \tag{2.47}$$

となる．c を積分定数として，この微分方程式を解くと，

$$\log G = -\lambda x + c \tag{2.48}$$

すなわち，

$$G(x) = A e^{-\lambda x} \tag{2.49}$$

である．$G(0) = 1$ であるので，$A = 1$ となり，

$$F(x) = 1 - e^{-\lambda x} \tag{2.50}$$

で，指数分布となる．指数分布は危険度関数が x の値によらずに一定 (その時間まで生存していれば，故障率は過去の状態に依存しない) である場合を表していることになる．一方，Weibull 分布は，危険度関数が x の値によって変化していく状況を表している．

2.4.6　Cauchy 分布

Cauchy (コーシー) 分布の確率密度関数・累積分布関数は，それぞれ

$$f(x) = \frac{\beta}{\pi[\beta^2 + (x - \alpha)^2]} \tag{2.51a}$$

$$F(x) = \frac{1}{2} + \frac{1}{\pi} \tan^{-1}\left(\frac{x - \alpha}{\beta}\right) \tag{2.51b}$$

である．ただし，$\beta > 0$ で，$\tan^{-1}$ は $\tan$ の逆関数，アークタンジェントである．Cauchy 分布は，$x = \alpha$ に対して対称な山形の分布で，中央値 x_m，モード x_0 は α である．しかしながら，分布の裾が厚いので，これまでの分布と異なり，期待値や分散は存在しない．$\alpha = 0, \beta = 1$ の場合を例にとり，このことについて説明する．

$$\int_0^z x f(x)\,\mathrm{d}z = \int_0^z \frac{x}{\pi(1 + x^2)}\,\mathrm{d}x \quad (z > 0) \tag{2.52}$$

を考えると，$\log z$ のオーダーで大きくなっていく．したがって，$\int_0^\infty x f(x)\,\mathrm{d}z$ は ∞ となる．同様に $\int_{-\infty}^0 x f(x)\,\mathrm{d}x$ は $-\infty$ となる．数学では，$\infty - \infty$ となる場合は定義できないので，結局，期待値 $\int_{-\infty}^\infty x f(x)\,\mathrm{d}x$ は存在しないことになる．

注意 2.3 $\int_{-a}^a x f(x)\,\mathrm{d}x$ は任意の $a > 0$ に対して 0 であるが，この場合，$\int_{-\infty}^\infty x f(x)\,\mathrm{d}x$ は $a \to \infty$ としたものではない． ◁

期待値が存在しないので，分散なども存在しない．

Cauchy 分布は，絶対値の大きな値が出る確率がなかなか小さくならないので，普段と極端に違った値がまれに観測される場合の解析に用いられている．標準正規分布と $\alpha = 0, \beta = 1$ の Cauchy 分布の $x = 0$ における確率密度関数の値，$f(0)$ は，

0.39894 と 0.31831 でそれほど大きな差はない．標準正規分布では得られる値が ± 5 を超えることはほとんどない (確率は 5.742×10^{-7})．しかしながら，Cauchy 分布では，± 10 を超える確率が 6.345% もあり，分布の裾が非常に厚くなっているのがわかる．

2.5 連続型の確率変数の変換

確率変数を扱う問題では，対数をとるなど確率変数の変換が重要となる．ここでは，連続型の確率変数 X を変換した場合の確率密度関数について説明する．

注意 2.4 離散型ではとりうる値を変換するだけでよく，ここで述べることは問題にならない． ◁

Y が X の関数，すなわち，
$$Y = \varphi(X) \tag{2.53}$$
の場合を考えてみよう．φ は単調増加で微分可能とする．この場合，逆関数 ψ が存在し，$X = \psi(Y)$ となる．X, Y の確率密度関数をそれぞれ，$f(x), g(y)$ とする．$y = \varphi(x), y + \Delta y = \varphi(x + \Delta x)$ とすると，$x < X \leq x + \Delta x$ となる確率と $y < Y \leq y + \Delta y$ となる確率は同一で，
$$g(y)\Delta y = f(x)\,\Delta x \tag{2.54}$$
である．$\Delta x \to 0$ とすると，
$$g(y) = f(x)\frac{\mathrm{d}x}{\mathrm{d}y} = f[\psi(y)]\frac{\mathrm{d}\psi}{\mathrm{d}y} \tag{2.55}$$
となる．変換によって，区間の幅が変わり，その修正が必要となる．

なお，分布関数 (以後，累積分布関数を単に分布関数と略してよぶ) の場合は，
$$P(Y \leq y) = P[\varphi(X) \leq \varphi(x)] = P(X \leq x) \tag{2.56}$$
である．X, Y の分布関数をそれぞれ $F(x), G(y)$ とすると，
$$G(y) = F(x) = F(\psi(y)) \tag{2.57}$$
となり，ただ単に変数変換したものを代入すればよいことになる．

問題 2.6 連続型の確率変数の変換の公式を使い，対数正規分布の確率密度関数を求めよ．

2.6 k 次のモーメントと歪度・尖度

2.6.1 k 次のモーメント

2.1 節では，確率変数の期待値 μ と分散 σ^2 について説明した．これらは，それぞれ

$$\mu = E(X) \tag{2.58a}$$
$$\sigma^2 = E[(X-\mu)^2] = E(X^2) - 2\mu E(X) + \mu^2 = E(X^2) - [E(X)]^2 \tag{2.58b}$$

となる．$E(X), E(X^2)$ は，力学との計算方法の類似性から，(原点まわりの) 1 次，2 次のモーメントまたは積率とよばれる．

これを一般化したのが (原点まわりの) k 次のモーメントで

$$\mu_k = E(X^k) \tag{2.59}$$

である．

また，実用上は X から期待値を引いた変数のモーメント

$$\mu'_k = E[(X-\mu)^k] \tag{2.60}$$

が重要となるが，これは，期待値 (平均) まわりの k 次のモーメントとよばれる．(原点まわりの) モーメント μ_k と期待値まわりのモーメント μ'_k には，次の関係がある．

$$\mu'_2 = E[(X-\mu)^2] = \sigma^2 = \mu_2 - \mu^2$$
$$\mu'_3 = \mu_3 - 3\mu_2 \mu^2 + 2\mu^3$$
$$\mu'_4 = \mu_4 - 4\mu_3 \mu + 6\mu_2 \mu^2 - 3\mu^4$$
$$\vdots$$
$$\mu'_k = \sum_{i=0}^{k} {}_k C_i \, \mu_{k-i} \, (-\mu)^i \tag{2.61a}$$

$$\mu_2 = \mu'_2 + \mu^2$$
$$\mu_3 = \mu'_3 + 3\mu'_2\mu + \mu^3$$
$$\mu_4 = \mu'_4 + 4\mu'_3\mu + 6\mu'_2\mu^2 + \mu^4$$
$$\vdots$$
$$\mu_k = \sum_{i=0}^{k} {}_kC_i\, \mu'_{k-i}\, \mu^i \tag{2.61b}$$

なお,以後本書で単に「モーメント」とよんだ場合は,原点まわりのものを意味することとし,期待値まわりのモーメントの場合は,「期待値まわりのモーメント」と記述する.

2.6.2 歪度と尖度

a. 歪度

期待値 μ と分散 σ^2 は,1次・2次のモーメントから計算される重要な指標である.さらに高次のモーメントを使って確率分布 (確率関数,確率密度関数) の形状についての情報を得ることができる.このうち,歪度(わいど)は,3次の期待値まわりのモーメントを使って,分布の非対称性を表し,次のように定義される.

定義 2.1
$$\alpha_3 = \frac{E[(X-\mu)^3]}{\sigma^3} = \frac{\mu'_3}{\sigma^3} \tag{2.62}$$

対称である場合 $\alpha_3 = 0$ となり,右側の裾が長い場合 $\alpha_3 > 0$,左側の裾が長い場合 $\alpha_3 < 0$ となる.

b. 尖度

定義 2.2 (尖度) 4次の期待値まわりのモーメントを使って,分布の期待値付近の集中度 (とがり具合) や裾の厚さを
$$\alpha_4 = \frac{E[(X-\mu)^4]}{\sigma^4} - 3 = \frac{\mu'_4}{\sigma^4} - 3 \tag{2.63}$$

で表す.これを尖度(せんど)とよぶ.

正規分布の場合は 0 となり，正規分布より期待値付近に集中している場合は負の値，集中しておらず，分布の裾が厚い場合は正の値となる．なお，3 を引かずに尖度を

$$\alpha'_4 = \frac{E[(X-\mu)^4]}{\sigma^4} = \frac{\mu'_4}{\sigma^4}$$

として定義することがあるが，ここでは，正規分布との比較を明確にするため，正規分布の場合に 0 となる定義を用いる．

c. 分布ごとの高次モーメント，歪度，尖度

前章で説明した分布の高次の原点まわりのモーメント μ_k，期待値まわりのモーメント μ'_k，歪度 α_3，尖度 α_4 は次の通りである．(なお，高次モーメントは簡単に数式で表せるもののみを記述した．) Cauchy 分布では，これらは存在しない．

(i) 二項分布

$$\mu_2 = np(np+q), \qquad \mu_3 = np[(n-1)(n-2)p^2 + 3p(n-1) + 1]$$
$$\mu'_3 = npq(q-p), \qquad \mu_4 = npq[1 + 3pq(n-2)]$$
$$\alpha_3 = \frac{1-2p}{\sqrt{npq}}, \qquad \alpha_4 = \frac{1-6pq}{npq}$$

(ii) Poisson 分布

$$\mu_2 = \lambda + \lambda^2, \quad \mu_3 = \lambda[(\lambda+1)^2 + \lambda], \quad \mu_4 = \lambda(\lambda^3 + 6\lambda^2 + 7\lambda + 1)$$
$$\mu'_3 = \lambda, \quad \mu'_4 = \lambda(3\lambda + 1)$$
$$\alpha_3 = \frac{1}{\sqrt{\lambda}}, \quad \alpha_4 = \frac{1}{\lambda}$$

(iii) 負の二項分布

$$\alpha_3 = \frac{2-p}{\sqrt{rq}}, \qquad \alpha_4 = \frac{p^2 + 6q}{rq}$$

(iv) ガンマ分布

$$\mu_k = \frac{\beta^k \Gamma(\alpha+k)}{\Gamma(\alpha)}, \quad \alpha_3 = \frac{2}{\sqrt{\alpha}}, \quad \alpha_4 = \frac{6}{\alpha}$$

(v) ベータ分布

$$\mu_k = \frac{B(\alpha+k, \beta)}{B(\alpha, \beta)} = \frac{\Gamma(\alpha+k)\Gamma(\alpha+\beta)}{\Gamma(\alpha)\Gamma(\alpha+\beta+k)}$$

$$\alpha_3 = \frac{2(\beta-\alpha)\sqrt{\alpha+\beta+1}}{\sqrt{\alpha\beta}(\alpha+\beta+2)}$$

$$\alpha_4 = \frac{3(\alpha+\beta+1)[2(\alpha+\beta)^2 + \alpha\beta(\alpha+\beta-6)]}{\alpha\beta(\alpha+\beta+2)(\alpha+\beta+3)}$$

(vi) 正規分布

$$\mu'_k = \begin{cases} 0 & (k \text{ は奇数}) \\ \dfrac{\sigma^k k!}{2^{k/2}(k/2)!} & (k \text{ は偶数}) \end{cases}$$

(vii) 対数正規分布

$$\mu_k = \exp\left(k\mu + \frac{k^2\sigma^2}{2}\right)$$

$$\mu'_k = \exp\left(\frac{k\sigma^2}{2}\right) e^{k\mu} \left[\sum_{i=0}^{k} (-1)^i {}_kC_i \exp\left\{\frac{(k-i)(k-i-1)\sigma^2}{2}\right\}\right]$$

$$\alpha_3 = (e^{\sigma^2} + 2)\sqrt{e^{\sigma^2} - 1}$$

$$\alpha_4 = (\exp\sigma^2)^4 + 2(\exp\sigma^2)^3 + 3(\exp\sigma^2)^2 - 6$$

(viii) Weibull 分布

$$\mu_k = \beta^k \Gamma\left(\frac{\alpha+k}{\alpha}\right)$$

$$\alpha_3 = \frac{\Gamma\left(1+\dfrac{3}{\alpha}\right) - 3\Gamma\left(1+\dfrac{1}{\alpha}\right)\Gamma\left(1+\dfrac{2}{\alpha}\right) + 2\left[\Gamma\left(1+\dfrac{1}{\alpha}\right)\right]^3}{\left\{\Gamma\left(1+\dfrac{2}{\alpha}\right) - \left[\Gamma\left(1+\dfrac{1}{\alpha}\right)\right]^2\right\}^{3/2}}$$

$$\alpha_4 = \left\{\Gamma\left(1+\frac{4}{\alpha}\right) - 4\Gamma\left(1+\frac{1}{\alpha}\right)\Gamma\left(1+\frac{2}{\alpha}\right) + 6\left[\Gamma\left(1+\frac{1}{\alpha}\right)\right]^2 \Gamma\left(1+\frac{2}{\alpha}\right) \right.$$
$$\left. - 3\left[\Gamma\left(1+\frac{1}{\alpha}\right)\right]^4\right\} \left\{\Gamma\left(1+\frac{2}{\alpha}\right) - \left[\Gamma^2\left(1+\frac{1}{\alpha}\right)\right]^2\right\}^{-2} - 3$$

2.6.3 モーメント母関数と特性関数

a. モーメント母関数

k 次のモーメント μ_k の計算は，**モーメント母関数** (または積率母関数) を使うと簡単に求めることができる．モーメント母関数は，

$$M(t) = E(e^{tX}) = \begin{cases} \displaystyle\sum_x e^{tx} f(x) & \text{(離散型の確率変数の場合)} \\ \displaystyle\int_{-\infty}^{\infty} e^{tx} f(x)\, \mathrm{d}x & \text{(連続型の変数の場合)} \end{cases} \quad (2.64)$$

となる．(この関数は存在しない場合がある．)

ここで，モーメント母関数が存在すれば，積分と微分の順序を変えることができ，

$$\frac{\mathrm{d}M(t)}{\mathrm{d}t} = \int_{-\infty}^{\infty} x e^{tx} f(x)\, \mathrm{d}x \quad (2.65)$$

となるので，

$$\left.\frac{\mathrm{d}M(t)}{\mathrm{d}t}\right|_{t=0} = \mu_1 = \mu \quad (2.66)$$

である．同様に

$$\frac{\mathrm{d}^2 M(t)}{\mathrm{d}t^2} = \int_{-\infty}^{\infty} x^2 e^{tx} f(x)\, \mathrm{d}x \Rightarrow \left.\frac{\mathrm{d}^2 M(t)}{\mathrm{d}t^2}\right|_{t=0} = \mu_2$$

$$\vdots$$

$$\frac{\mathrm{d}^k M(t)}{\mathrm{d}t^k} = \int_{-\infty}^{\infty} x^k e^{tx} f(x)\, \mathrm{d}x \Rightarrow \left.\frac{\mathrm{d}^k M(t)}{\mathrm{d}t^k}\right|_{t=0} = \mu_k \quad (2.67)$$

となり，k 次のモーメントは，モーメント母関数から求めることができる．

モーメント母関数が存在するような2つの分布において，すべてのモーメントが等しい場合，2つの分布は同一となる．また，$t=0$ の近傍でモーメント母関数が等しいということは，モーメントが同一ということを意味するので，モーメント母関数が等しい場合，2つの分布は同一となる．

注意 2.5 モーメント母関数が存在しないとき，2つの異なる分布が同じモーメントをもつ例が知られている． ◁

また，モーメント母関数が存在する場合，その対数をとったもの，すなわち，

$$K(t) = \log M(t) \quad (2.68)$$

をキュミュラント母関数,

$$\kappa_k = \frac{d^k \log K}{dt^k} \qquad (k=1,2,3,\cdots) \tag{2.69}$$

をキュミュラントとよぶ．キュミュラント κ_k と原点まわりのモーメント μ_k とには，

$$\mu_k = \sum_{i=1}^{k} {}_{k-1}C_{i-1}\,\mu_{k-i}\kappa_i \qquad (k=1,2,3,\cdots) \tag{2.70}$$

の関係がある．

また，期待値まわりのモーメント μ'_k とは

$$\begin{aligned}\kappa_2 &= \mu'_2 = \sigma^2 \\ \kappa_3 &= \mu'_3 \\ \kappa_4 &= \mu'_4 - 3(\mu'_2)^2\end{aligned} \tag{2.71}$$

の関係がある．

b. 特 性 関 数

モーメント母関数は e^{tX} の期待値をとるため，分布の裾が厚い場合 ($|x|\to\infty$ で $f(x)$ の 0 に近づくスピードが遅い場合) 存在しない．したがって，Cauchy 分布のようにモーメント母関数が存在しない分布が存在する．その欠点を補うのが**特性関数**である．特性関数は，

$$C(t) = E e^{itX} = \begin{cases}\displaystyle\sum_{x} e^{itx} f(x) & (\text{離散型の確率変数の場合}) \\ \displaystyle\int_{-\infty}^{\infty} e^{itx} f(x)\,dx & (\text{連続型の変数の場合})\end{cases} \tag{2.72}$$

である．i は虚数単位で $i^2 = -1$ である．

$$e^{i\theta} = \cos\theta + i\sin\theta \tag{2.73}$$

であるから，任意の x に対して

$$|e^{itx}| = 1 \tag{2.74}$$

となり，モーメント母関数が存在しない分布 (たとえば，Cauchy 分布) でも特性関数は存在する．また，モーメント母関数の場合と同様に，モーメントが存在す

れば

$$\left.\frac{d^k C(t)}{dt^k}\right|_{t=0} = i^k \mu_k \tag{2.75}$$

となり，これを使ってモーメントを計算することが可能となる．モーメント母関数と同様，特性関数が等しい場合 (モーメントが存在しない場合を含めて)，2つの分布は同一となる．

問題 2.7 標準正規分布のモーメント母関数・特性関数を導出せよ．

問題 2.8 標準正規分布の 4 次および 6 次のモーメントを求めよ．

c. 確率母関数

離散型の確率変数で，とりうる値が負でない整数値 $x = 0, 1, 2, \cdots$ であるとする．この場合，

$$P(t) = \sum_{i=0}^{\infty} p_i t^i, \qquad p_i = P(X = i) = f(i) \tag{2.76}$$

は，**確率母関数**とよばれる．この関数は，

$$\left.\frac{d^k P(t)}{dt^k}\right|_{t=0} = k!\, p_k \tag{2.77}$$

となっている．また，

$$\left.\frac{d^k P(t)}{dt^k}\right|_{t=1} = E[X(X-1)(X-2)\cdots(X-k)] \tag{2.78a}$$

$$\left.\frac{d^k P(1+t)}{dt^k}\right|_{t=0} = E[X(X-1)(X-2)\cdots(X-k)] \tag{2.78b}$$

となる．$P(1+t)$ は**階乗モーメント母関数**とよばれている．

d. 各種分布のモーメント母関数・特性関数

2章で説明した分布のモーメント母関数 $M(t)$，特性関数 $C(t)$，確率母関数 $P(t)$ は次の通りである．(対数正規分布の母関数は初等関数を用いて書き表すことはできない．)

(i) 二項分布

$$M(t) = (q + pe^t)^n, \quad C(t) = (q + pe^{it})^n, \quad P(t) = (p + qt)^n$$

(ii) Poisson 分布

$$M(t) = \exp[\lambda(\exp t - 1)], \ C(t) = \exp\{\lambda[\exp(it) - 1]\}, \ P(t) = \exp[\lambda(t - 1)]$$

(iii) 負の二項分布

$$M(t) = \left(\frac{p}{1 - qe^t}\right)^r, \quad C(t) = \left(\frac{p}{1 - qe^{it}}\right)^r, \quad P(t) = \left(\frac{p}{1 - qt}\right)^r$$

(iv) ガンマ分布

$$M(t) = (1 - \beta t)^{-\alpha}, \qquad C(t) = (1 - \beta it)^{-\alpha}$$

(v) 正規分布

$$M(t) = \exp\left(\mu t + \frac{t^2 \sigma^2}{2}\right), \quad C(t) = \exp\left(i\mu t - \frac{t^2 \sigma^2}{2}\right)$$

(vi) Cauchy 分布

$$M(t) : \text{存在しない}, \qquad C(t) = \exp(i\alpha t - |t|\beta)$$

3 多次元の確率分布

前章では，1つの確率変数の分布について説明したが，現実のいろいろな問題では，多数の確率変数を利用する．この場合，確率変数の間の関係が重要になる．ここでは，まず，2つの確率変数 X, Y が存在する 2 次元の場合について説明する．次に，これを n 個の確率変数が存在する場合に一般化する．確率変数の和の分布に関する**大数の法則**と**中心極限定理**について説明する．

3.1 2 次元の確率分布

3.1.1 同時確率分布

2つの確率変数 X, Y が存在するとする．この2つの変数は離散型であり，

$$X \text{ のとりうる値は } \{x_1, x_2, \cdots, x_k\}$$
$$Y \text{ のとりうる値は } \{y_1, y_2, \cdots, y_l\}$$

であるとする．(X, Y) は $k \cdot l$ 個の異なった値をとる．$X = x_i, Y = y_j$ となる確率は

$$P(X = x_i, Y = y_j) = f(x_i, y_j) \tag{3.1}$$

となるが，これを X と Y の**同時確率分布**とよぶ．(1 変数の場合と同様，以下，とりうる値の添字は省略して表す．)

X, Y が連続型の場合，(X, Y) が (x, y) と $(x + \Delta x, y + \Delta y)$ で決まる長方形に入る確率

$$p = P(x < X \leq x + \Delta x, y < Y \leq y + \Delta y) \tag{3.2}$$

を考える．これは，$\Delta x, \Delta y$ を小さくすると 0 に収束するので，長方形の面積 $\Delta x \Delta y$ で割って $\Delta x \to 0, \Delta y \to 0$ とした極限を $f(x, y)$，すなわち，

$$f(x, y) = \lim_{\Delta x, \Delta y \to 0} \frac{P(x < X \leq x + \Delta x, y < Y \leq y + \Delta y)}{\Delta x \Delta y} \tag{3.3}$$

とする．$f(x, y)$ は**同時確率密度関数**とよばれる．

また，2変数の累積分布関数，

$$F(x,y) \equiv P(X \leq x, Y \leq y) = \begin{cases} \displaystyle\sum_{u \leq x}\sum_{v \leq y} f(u,v) \\ \displaystyle\int_{-\infty}^{x}\int_{-\infty}^{y} f(u,v)\,du\,dv \end{cases} \quad (3.4)$$

は，**同時分布関数**または**同時累積分布関数**とよばれる．

3.1.2 共分散と相関係数

2つの確率変数が存在する場合，その関係が重要となるが，2変数の関係を表すものに**共分散**と**相関係数**がある．共分散は，

$$\mathrm{cov}(X,Y) = \sigma_{XY} = E[(X-\mu_X)(Y-\mu_Y)] \quad (3.5)$$

で表され，

$$\sigma_{XY} = \begin{cases} \displaystyle\sum_x\sum_y [(x-\mu_X)(y-\mu_Y)]f(x,y) & \text{(離散型)} \\ \displaystyle\int_{-\infty}^{\infty}\int_{-\infty}^{\infty}(x-\mu_X)(y-\mu_Y)f(x,y)\,dx\,dy & \text{(連続型)} \end{cases} \quad (3.6)$$

となる．

なお，一般に，確率変数 X, Y の関数 $\varphi(X,Y)$ の期待値 $E[\varphi(X,Y)]$ は，

$$E[\varphi(X,Y)] = \begin{cases} \displaystyle\sum_x\sum_y \varphi(x,y)\,f(x,y) & \text{(離散型)} \\ \displaystyle\int_{-\infty}^{\infty}\int_{-\infty}^{\infty} \varphi(x,y)\,f(x,y)\,dx\,dy & \text{(連続型)} \end{cases} \quad (3.7)$$

となる．

相関係数は，共分散を X, Y の標準偏差 σ_X, σ_Y で割り，基準化して，

$$\rho = \frac{\sigma_{XY}}{\sigma_X \sigma_Y} \quad (3.8)$$

としたものである．相関係数 ρ は，

$$-1 \leq \rho \leq 1 \quad (3.9)$$

を満足し，

(1) $Y = a + bX$ $(b > 0)$ の場合, $\rho = 1$
(2) X が増加すると Y も増加する傾向がある場合, $\rho > 0$
(3) X が増加すると Y が減少する傾向がある場合, $\rho < 0$
(4) $Y = a + bX$ $(b < 0)$ の場合, $\rho = -1$

となる.

3.1.3 周辺確率分布, 条件付確率分布および独立

a. 周 辺 確 率

2変数の場合, X と Y の個々の確率分布を**周辺確率分布**とよぶ. それらの確率関数 (離散型の場合), 確率密度関数 (連続型の場合) は, それぞれ

$$g(x) = \sum_y f(x, y), \qquad h(y) = \sum_x f(x, y) \tag{3.10a}$$

$$g(x) = \int_{-\infty}^{\infty} f(x, y) \, dy, \qquad h(y) = \int_{-\infty}^{\infty} f(x, y) \, dx \tag{3.10b}$$

で与えられる.

b. 条 件 付 確 率

ここで, X, Y が離散型であるとする. 1章で説明したように, Y の値が与えられた場合 $(Y = y)$ の X の条件付確率, および, X の値が与えられた場合 $(X = x)$ の Y の**条件付確率**は,

$$P(X = x | Y = y) = \frac{P(X = x, Y = y)}{P(Y = y)} \tag{3.11a}$$

$$P(Y = y | X = x) = \frac{P(X = x, Y = y)}{P(X = x)} \tag{3.11b}$$

であり, それぞれの変数の条件付確率関数は,

$$g(x|y) = P(X = x | Y = y) = \frac{f(x, y)}{h(y)} \tag{3.12a}$$

$$h(y|x) = P(Y = y | X = x) = \frac{f(x, y)}{g(x)} \tag{3.12b}$$

となる.

連続型の変数も離散型の場合を拡張して，**条件付確率密度関数**を，$g(x) \neq 0$, $h(y) \neq 0$ の x, y に対して，それぞれ

$$g(x|y) = \frac{f(x,y)}{h(y)}, \qquad h(y|x) = \frac{f(x,y)}{g(x)} \tag{3.13}$$

と定義する．

式 (3.13) から，連続，離散の両方の場合で，

$$f(x,y) = g(x|y)\,h(y) = h(y|x)\,g(x) \tag{3.14}$$

が成り立つ．また，条件付確率も

$$\sum_x g(x|y) = 1, \qquad \sum_y h(y|x) = 1 \qquad (離散型) \tag{3.15a}$$

$$\int_{-\infty}^{\infty} g(x|y)\,\mathrm{d}x = 1, \qquad \int_{-\infty}^{\infty} h(y|x)\,\mathrm{d}y = 1 \qquad (連続型) \tag{3.15b}$$

という確率関数，確率密度関数の条件を満足する．

また，条件確率分布から期待値，分散を求めることができる．これらは**条件付期待値**，**条件付分散**とよばれ，それぞれ，

$$\mu_{X|y} = E(X|y) = E(X|Y=y) = \begin{cases} \displaystyle\sum_x x g(x|y) \\ \displaystyle\int_{-\infty}^{\infty} x g(x|y)\,\mathrm{d}x \end{cases} \tag{3.16a}$$

$$\mu_{Y|x} = E(Y|x) = E(Y|X=x) = \begin{cases} \displaystyle\sum_y y h(y|x) \\ \displaystyle\int_{-\infty}^{\infty} y h(y|x)\,\mathrm{d}y \end{cases} \tag{3.16b}$$

$$V(X|y) = E[(X-\mu_{X|y})^2|y] = \begin{cases} \displaystyle\sum_x (x-\mu_{X|y})^2 g(x|y) \\ \displaystyle\int_{-\infty}^{\infty} (x-\mu_{X|y})^2 g(x|y)\,\mathrm{d}x \end{cases} \tag{3.17a}$$

$$V(Y|x) = E[(Y-\mu_{Y|x})^2|x] = \begin{cases} \displaystyle\sum_y (y-\mu_{Y|x})^2 h(y|x) \\ \displaystyle\int_{-\infty}^{\infty} (y-\mu_{Y|x})^2 h(y|x)\,\mathrm{d}y \end{cases} \tag{3.17b}$$

である．

問題 3.1 2つの確率変数 X, Y のとりうる値と確率は次表の通りである．

X \ Y	1	2	3
1	0.2	0.1	0.2
2	0.1	0.3	0.1

(a) X, Y の周辺確率分布，条件付確率分布を求めよ．
(b) 2つの変数の相関係数を求めよ．

c. 独　　立

X と Y が独立の場合は

$$g(x|y) = g(x), \qquad h(y|x) = h(y) \tag{3.18}$$

となる．これを式 (3.14) に代入すると，

$$f(x,y) = g(x)\,h(y) \tag{3.19}$$

である．式 (3.19) は $g(x) = 0, h(y) = 0$ の場合を含むので，式 (3.19) がすべての x, y で成り立つ場合を独立，すなわち，

$$X \text{ と } Y \text{ が独立} \Leftrightarrow f(x,y) = g(x)\,h(y) \tag{3.20}$$

とする．

d. 独立の場合の相関係数

ここで，X と Y が独立の場合，

$$\begin{aligned}
\mathrm{cov}\,(X, Y) &= \int_{-\infty}^{\infty}\int_{-\infty}^{\infty}(x-\mu_X)(y-\mu_Y)\,f(x,y)\,\mathrm{d}x\,\mathrm{d}y \\
&= \int_{-\infty}^{\infty}\int_{-\infty}^{\infty}(x-\mu_X)(y-\mu_Y)\,g(x)\,h(y)\,\mathrm{d}x\,\mathrm{d}y \\
&= \left[\int_{-\infty}^{\infty}(x-\mu_X)\,g(x)\,\mathrm{d}x\right]\left[\int_{-\infty}^{\infty}(y-\mu_Y)\,h(y)\,\mathrm{d}y\right] = 0 \quad (3.21)
\end{aligned}$$

であり，(離散型，連続型のいずれでも) 独立であれば，相関係数 $\rho = 0$ である．しかしながら，相関係数 $\rho = 0$ であっても独立とは限らない．たとえば，X が標準

正規分布 $N(0,1)$ に従い,$Y = X^2$ の場合を考えてみる.X と Y の間には密接な関係があり,独立ではないが,相関係数を計算すると $\rho = 0$ となる.独立の場合,

$$E(XY) = E(X)\,E(Y) \tag{3.22a}$$

$$E[\varphi(X)\,\psi(Y)] = E[\varphi(X)]\,E[\psi(Y)] \tag{3.22b}$$

が成り立つ.

問題 3.2 最小値または最大値の分布を極値分布という.いま,$X_1, X_2, \cdots, X_n$ は独立で $(0,1)$ の一様分布 $U(0,1)$ に従うとする.

(a) $n = 2$ の場合の最小値の分布を求めよ.
(b) 一般の n に対して,最小値の分布を求めよ.
(c) $n \to \infty$ の場合の最小値の分布を求めよ.

3.1.4 確率変数の和の分布と期待値・分散

a. 確率変数の和の分布

Z を 2 つの変数 X, Y の和 $Z = X + Y$ とすると,この変数の確率関数,確率密度関数は,

$$k(z) = \begin{cases} \displaystyle\sum_x f(x, z-x) & \text{(離散型)} \\ \displaystyle\int_{-\infty}^{\infty} f(x, z-x)\,dx & \text{(連続型)} \end{cases} \tag{3.23}$$

となる.特に X と Y が独立の場合,

$$k(z) = \begin{cases} \displaystyle\sum_x g(x)\,h(z-x) & \text{(離散型)} \\ \displaystyle\int_{-\infty}^{\infty} g(x)\,h(z-x)\,dx & \text{(連続型)} \end{cases} \tag{3.24}$$

となるが,これを,**たたみこみ**とよび,$k = g * h$ と表す.

問題 3.3 X_1, X_2 が独立で,一様分布 $U(0,1)$ に従うとする.$Z = X_1 + X_2$ の確率密度関数を求めよ.

b. 再 生 性

　一般には，確率変数の和の分布は，式 (3.23), (3.24) から計算する必要がある．しかしながら，一部の分布では，独立な確率変数の和を同一の分布形 (確率関数・確率密度関数が同一でパラメータの値のみが変化する) で表すことができる．このような場合，分布は**再生的**であるという．二項分布，Poisson 分布，負の二項分布，ガンマ分布，正規分布は次の再生性が成り立つ．(X と Y は独立とし，$\sim$ は分布に従うことを表す．)

(i) 二項分布　　$X \sim Bi(n_1, p),\ Y \sim Bi(n_2, p) \Rightarrow Z = X + Y \sim Bi(n_1 + n_2, p)$

(ii) Poisson 分布　　$X \sim Po(\lambda_1),\ Y \sim Po(\lambda_2) \Rightarrow Z = X + Y \sim Po(\lambda_1 + \lambda_2)$

(iii) 負の二項分布　　$X \sim NeBi(r_1, p),\ Y \sim NeBi(r_2, p)$
$$\Longrightarrow Z = X + Y \sim NeBi(r_1 + r_2, p)$$

(iv) 正規分布　　$X \sim N(\mu_1, \sigma_1^2),\ Y \sim N(\mu_2, \sigma_2^2)$
$$\Longrightarrow Z = X + Y \sim N(\mu_1 + \mu_2, \sigma_1^2 + \sigma_2^2)$$

(v) ガンマ分布　　$X \sim Ga(\alpha_1, \beta),\ Y \sim Ga(\alpha_2, \beta) \Rightarrow Z = X + Y \sim Ga(\alpha_1 + \alpha_2, \beta)$

　これらの関係は，確率関数・密度関数を計算しなくとも，モーメント母関数，特性関数から求めることができる．モーメント母関数，特性関数が同一の場合，分布は同一であるので，これから分布の再生性を求めることができる．

問題 3.4　二項分布・正規分布の再生性をモーメント母関数，特性関数を使って示せ．

c. 確率変数の和の期待値・分散

　$Z = X + Y$ の期待値は，

$$E(Z) = E(X + Y) = E(X) + E(Y) = \mu_X + \mu_Y \tag{3.25}$$

と2つの変数の期待値の和となる．一方，分散は，

$$\begin{aligned}V(X+Y) &= E[\{(X+Y)-(\mu_X+\mu_Y)\}^2] \\ &= E[(X-\mu_X)^2] + E[(Y-\mu_Y)^2] + 2E[(X-\mu_X)(Y-\mu_Y)] \\ &= V(X) + V(Y) + 2\mathrm{cov}\,(X,Y) \\ &= {\sigma_X}^2 + {\sigma_Y}^2 + 2\sigma_{XY} \end{aligned} \tag{3.26}$$

で，一般には2つの変数の分散の和とはならない．X と Y が独立の場合は，

$$V(X+Y) = {\sigma_X}^2 + {\sigma_Y}^2 \tag{3.27}$$

となり，おのおのの分散の和となるが，これは一般には成り立たないので注意する必要がある．

3.2　n 次元の確率分布

3.2.1　同時確率分布

これまでは，2つの確率変数 X, Y が存在する2次元の場合について説明した．本項では，これを一般化して，n 個の確率変数が存在する場合について説明する．n 個の確率変数 $X_1, X_2, \cdots, X_n$ が存在し，それが離散型であったとする．この場合，その同時確率分布は，

$$f(x_1, x_2, \cdots, x_n) = P(X_1 = x_1, X_2 = x_2, \cdots, X_n = x_n) \tag{3.28}$$

で表される．

$X_1, X_2, \cdots, X_n$ が連続型の場合，$X_1, X_2, \cdots, X_n$ が $(x_1, x_2, \cdots, x_n)$ と $(x_1 + \Delta x_1, x_2 + \Delta x_2, \cdots, x_n + \Delta x_n)$ で決まる n 次元の直方体に入る確率

$$P(x_1 < X_1 \le x_1 + \Delta x_1, x_2 < X_2 \le x_2 + \Delta x_2, \cdots, x_n < X_n \le x_n + \Delta x_n)$$

を考える．これは，$\Delta x_1, \Delta x_2, \cdots, \Delta x_n$ を小さくすると0に収束するので，その (n 次元の) 直方体の体積 $\Delta x_1 \Delta x_2 \cdots \Delta x_n$ で割って $\Delta x_1, \Delta x_2, \cdots, \Delta x_n \to 0$ とした極限を考える．(極限は存在するものとする．) すなわち，

$$f(x_1, x_2, \cdots, x_n)$$
$$= \lim_{\Delta x_1, \Delta x_2, \cdots, \Delta x_n \to 0} \frac{1}{\Delta x_1 \cdots \Delta x_n} [P(x_1 < X_1 \leq X_1 + \Delta x_1,$$
$$x_2 < X_2 \leq x_2 + \Delta x_2, \cdots, x_n < X_n \leq x_n + \Delta x_n)] \qquad (3.29)$$

を考える. 2次元の場合と同様, $f(x_1, x_2, \cdots, x_n)$ を**同時確率密度関数**とよぶ. また, 同時分布関数 $F(x_1, x_2, \cdots, x_n) \equiv P(X_1 \leq x_1, X_2 \leq x_2, \cdots, X_n \leq x_n)$ は, すべての変数について和を計算する (離散型) または重積分する (連続型) ことから求められ,

$$F(x_1, x_2, \cdots, x_n) = \begin{cases} \displaystyle\sum_{u_1 \leq x_1} \sum_{u_2 \leq x_2} \cdots \sum_{u_n \leq x_n} f(u_1, u_2, \cdots, u_n) \\ \displaystyle\int_{-\infty}^{x_1} \int_{-\infty}^{x_2} \cdots \int_{-\infty}^{x_n} f(u_1, u_2, \cdots, u_n) \, du_1 \, du_2 \cdots du_n \end{cases}$$
$$(3.30)$$

となる.

3.2.2 周辺分布, 条件付分布, 独立

a. $n-1$ 個以下の変数の分布, 条件付分布

2変数の場合に周辺確率分布を求めたのと同様に, $f(x_1, x_2, \cdots, x_n)$ をある変数について和を求める (離散型) または重積分する (連続型) ことによって, $n-1, n-2, \cdots, 2, 1$ の同時確率分布・周辺確率分布を求めることができる. 以後, 簡単のために, 連続型の変数を使って説明を行う. (離散型の場合は, 同時確率分布を考え, 積分記号 $\int$ を合計記号 $\sum$ に変えれば, まったく同様のことが成り立つ.) $(x_1, x_2, \cdots, x_{n-1}), (x_1, x_2, \cdots, x_{n-2}), \cdots, (x_1, x_2)$ の同時確率密度関数は,

$$g_1(x_1, x_2, \cdots, x_{n-1}) = \int_{-\infty}^{\infty} f(x_1, x_2, \cdots, x_{n-1}, x_n) \, \mathrm{d}x_n$$

$$g_2(x_1, x_2, \cdots, x_{n-2}) = \int_{-\infty}^{\infty} g_1(x_1, x_2, \cdots, x_{n-1}) \, \mathrm{d}x_{n-1}$$

$$= \int_{-\infty}^{\infty} \int_{-\infty}^{\infty} f(x_1, x_2, \cdots, x_n) \, \mathrm{d}x_n \, \mathrm{d}x_{n-1}$$

$$\vdots$$

$$g_{n-2}(x_1, x_2) = \int_{-\infty}^{\infty} g_{n-3}(x_1, x_2, x_3) \, \mathrm{d}x_3$$

$$= \int_{-\infty}^{\infty} \int_{-\infty}^{\infty} \cdots \int_{-\infty}^{\infty} f(x_1, x_2, \cdots, x_n) \, \mathrm{d}x_n \, \mathrm{d}x_{n-1} \cdots \mathrm{d}x_3 \tag{3.31}$$

である.

また,X_1 の確率密度関数 $f_1(x_1)$ は,

$$f_1(x_1) = \int_{-\infty}^{\infty} \int_{-\infty}^{\infty} \cdots \int_{-\infty}^{\infty} f(x_1, x_2, \cdots, x_n) \, \mathrm{d}x_n \, \mathrm{d}x_{n-1} \cdots \mathrm{d}x_2 \tag{3.32}$$

で与えられる.

$X_{k+1} = x_{k+1}, X_{k+2} = x_{k+2}, \cdots, X_n = x_n$ が与えられた場合の条件付分布は,h を $X_{k+1}, X_{k+2}, \cdots, X_n$ の同時確率密度関数とすると,

$$g_k(x_1, x_2, \cdots, x_k | x_{k+1}, x_{k+2}, \cdots, x_n) = \frac{f(x_1, x_2, \cdots, x_n)}{h(x_{k+1}, x_{k+2}, \cdots, x_n)} \tag{3.33}$$

となる.

b. 独　　立

$f_1, f_2, \cdots, f_n$ を個々の確率変数の周辺確率密度関数とした場合,$f(x_1, x_2, \cdots, x_n)$ が $f_1, f_2, \cdots, f_n$ の積で

$$f(x_1, x_2, \cdots, x_n) = f_1(x_1) f_2(x_2) \cdots f_n(x_n) = \prod_{i=1}^{n} f_i(x_i) \tag{3.34}$$

となる場合,$X_1, X_2, \cdots, X_n$ は互いに独立となる.$\prod_{i=1}^{n}$ は n 個の掛け算を表す記号である.

さらに，$X_1, X_2, \cdots, X_n$ の同時確率密度関数が $g(x_1, x_2, \cdots, x_k)$，X_{k+1}, X_{k+2}, $\cdots, X_n$ の同時確率密度関数が $h(x_{k+1}, x_{k+2}, \cdots, x_n)$ であるとする．

$$f(x_1, x_2, \cdots, x_n) = g(x_1, x_2, \cdots, x_k)\, h(x_{k+1}, x_{k+2}, \cdots, x_n) \tag{3.35}$$

である場合，$(X_1, X_2, \cdots, X_k)$ と $(X_{k+1}, X_{k+2}, \cdots, X_n)$ は独立となる．(この場合，変数の属するグループが異なれば独立であるが，同じグループ内では独立ではない．)

3.2.3　n 個の確率変数の和の期待値，分散

a.　確率変数の和の期待値，分散

n 個の確率変数 $X_1, X_2, \cdots, X_n$ の和 $Z = X_1 + X_2 + \cdots + X_n = \sum X_i$ の期待値・分散を求めてみる．期待値は個々の期待値の和で，

$$E(Z) = E(X_1 + X_2 + \cdots + X_n) = E(X_1) + E(X_2) + \cdots + E(X_n)$$
$$= \mu_1 + \mu_2 + \cdots + \mu_k = \sum \mu_i \tag{3.36a}$$

$$\mu_i = E(X_i) = \int_{-\infty}^{\infty} x\, f_i(x)\, \mathrm{d}x \tag{3.36b}$$

である．

分散は，

$$V(Z) = E\{[Z - E(Z)]^2\} = E\{[(X_1 - \mu_1) + (X_2 - \mu_2) + \cdots + (X_k - \mu_k)]^2\}$$
$$= \sum_{i=1}^{k} E[(X_i - \mu_i)^2] + 2 \sum_{i<j} E[(X_i - \mu_i)(X_j - \mu_j)]$$
$$= \sum_{i=1}^{k} V(X_i) + 2 \sum_{i<j} \mathrm{cov}\,(X_i, X_j)$$
$$= \sum_{i=1}^{k} \sigma_i^2 + 2 \sum_{i<j} \sigma_{ij} \tag{3.37a}$$

$$\sigma_i^2 = V(X_i), \qquad \sigma_{ij} = \mathrm{cov}\,(X_i, X_j) \tag{3.37b}$$

となる．$\displaystyle\sum_{i<j}$ は $i < j$ の組合せすべてについて加えることを意味する．$X_1, X_2, \cdots, X_n$ が互いに独立の場合は，

$$V(Z) = \sum_{i=1}^{n} {\sigma_i}^2 \tag{3.38}$$

で，おのおのの分散の和となる．2変数の和の場合と同様，式 (3.38) は一般には成り立たないので注意が必要である．

なお，一般に，連続型の確率変数 $X_1, X_2, \cdots, X_n$ の関数 $\varphi(X_1, X_2, \cdots, X_n)$ の期待値 $E[\varphi(X_1, X_2, \cdots, X_n)]$ は，

$$\begin{aligned}&E[\varphi(X_1, X_2, \cdots, X_n)]\\&= \int_{-\infty}^{\infty} \cdots \int_{-\infty}^{\infty} \varphi(x_1, x_2, \cdots, x_n)\, f(x_1, x_2, \cdots, x_n)\, \mathrm{d}x_1\, \mathrm{d}x_2 \cdots \mathrm{d}x_n\end{aligned} \tag{3.39}$$

となる．離散型の場合は，積分記号 $\int$ を合計記号 $\sum$ に変える．

b. 確率変数の線形和の期待値・分散

前項では，確率変数の単純な和の分散を考えたが，ここでは，その線形和，

$$Z = \sum_{i=1}^{n} a_i X_i \tag{3.40}$$

の期待値・分散を考えてみる．期待値・分散は，それぞれ

$$E(Z) = \sum_{i=1}^{n} a_i \mu_i \tag{3.41a}$$

$$V(Z) = \sum_{i=1}^{n} {a_i}^2 {\sigma_i}^2 + 2\sum_{i<j} a_i a_j \sigma_{ij} \tag{3.41b}$$

である．この計算は，ベクトルと行列を使うことによって行うことができる．いま，$\boldsymbol{a}, \boldsymbol{\mu}$ が $n \times 1$ のベクトル，$\boldsymbol{\Sigma}$ が $n \times n$ の行列で，

$$\boldsymbol{a} = \begin{bmatrix} a_1 \\ a_2 \\ \vdots \\ a_n \end{bmatrix}, \quad \boldsymbol{\mu} = \begin{bmatrix} \mu_1 \\ \mu_2 \\ \vdots \\ \mu_n \end{bmatrix}, \quad \boldsymbol{\Sigma} = \begin{bmatrix} {\sigma_1}^2 & \sigma_{12} & \cdots & \sigma_{1n} \\ \sigma_{12} & {\sigma_2}^2 & \cdots & \vdots \\ \vdots & \cdots & \ddots & \sigma_{n-1,n} \\ \sigma_{1n} & \cdots & \sigma_{n-1,n} & {\sigma_n}^2 \end{bmatrix} \tag{3.42}$$

とする．$\boldsymbol{\Sigma}$ は**分散–共分散行列**とよばれている．これらを使うと，期待値および分散は，

$$E(Z) = \boldsymbol{a}'\boldsymbol{u}, \quad V(Z) = \boldsymbol{a}'\boldsymbol{\Sigma}\boldsymbol{a} \tag{3.43}$$

となる．$\boldsymbol{a}'$ は $\boldsymbol{a}$ の転置ベクトルである．

問題 3.5 X_1, X_2, X_3 の分散が 1.0, 3.0, 4.0, 相関係数が $\rho_{12} = 0.2$, $\rho_{23} = 0.3$, $\rho_{13} = -0.3$ であるとする. ただし, ρ_{ij} は X_i と X_j の相関係数である.

(a) $Z_1 = 2X_1 + 3X_2 + 4X_3$ の分散を求めよ.
(b) $Z_2 = aX_1 + (1-a)X_3$ の分散を最小にする a を求めよ.

3.3 連続型の確率変数の変換

3.3.1 2次元の確率変数の変数変換

1つの確率変数の場合と同様, 実際の問題では, 確率変数の変換が必要となる. ここでは, 2次元の連続型の変数 (X_1, X_2) を (Y_1, Y_2) に変換した場合の同時確率分布について説明する.

$$Y_1 = \varphi_1(X_1, X_2), \qquad Y_2 = \varphi_2(X_1, X_2) \tag{3.44}$$

とする. (変換は必要な単調性の条件を満足するものとし, 関数は微分可能であるとする.) φ_1, φ_2 の逆関数を ψ_1, ψ_2 とし,

$$X_1 = \psi_1(Y_1, Y_2), \qquad X_2 = \psi_2(Y_1, Y_2) \tag{3.45}$$

であるとする. (X_1, X_2) および (Y_1, Y_2) の同時密度関数を $f(x_1, x_2), g(y_1, y_2)$ とする.

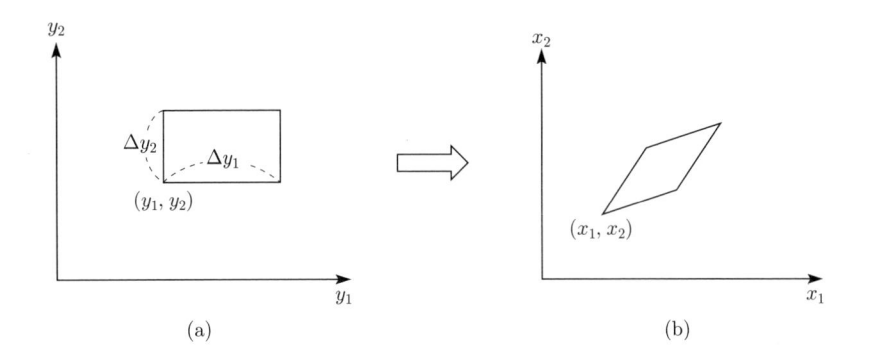

図 **3.1** (y_1, y_2) 平面で, (y_1, y_2) を起点とする長方形の (x_1, x_2) 平面への写像を考えると, 平行四辺形となる.

(y_1, y_2) 平面で, (y_1, y_2) を起点とする 2 辺の長さが $\Delta y_1, \Delta y_2$ の長方形の (x_1, x_2) 平面への写像を考えると, 図 3.1 のように, 平行四辺形 (長さばかりでなく形もひずむため) となる. [(x_1, x_2) 平面から (y_1, y_2) 平面への写像を考えても同一の結果を得ることができるが, 説明が簡単になるので, (y_1, y_2) 平面から (x_1, x_2) 平面への写像を考える.] $x_1 = \psi_1(y_1, y_2), x_2 = \psi_2(y_1, y_2)$ とすると, 長方形を構成する各点は,

$$(y_1, y_2) \to (x_1, x_2) \tag{3.46a}$$

$$(y_1 + \Delta y_1, y_2) \to (x_1 + a_{11}\Delta y_1, x_2 + a_{12}\Delta y_1) \tag{3.46b}$$

$$(y_1, y_2 + \Delta y_2) \to (x_1 + a_{21}\Delta y_2, x_2 + a_{22}\Delta y_2) \tag{3.46c}$$

$$(y_1 + \Delta y_1, y_2 + \Delta y_2) \to (x_1 + a_{11}\Delta y_1 + a_{21}\Delta y_2,$$
$$x_2 + a_{12}\Delta y_1 + a_{22}\Delta y_2) \tag{3.46d}$$

$$a_{11} = \frac{\partial \psi_1}{\partial y_1}, \quad a_{12} = \frac{\partial \psi_2}{\partial y_1}, \quad a_{21} = \frac{\partial \psi_1}{\partial y_2}, \quad a_{22} = \frac{\partial \psi_2}{\partial y_2} \tag{3.46e}$$

に変換される. ここで, $(0,0), (a,b), (c,d), (a+c, b+d)$ $(a,b,c,d > 0)$ を頂点とする平行四辺形の面積) は,

$$(a+c)(b+d) - ab - (b+b+d)c = ad - bc \tag{3.47}$$

である. (x_1, x_2) 平面に写像された平行四辺形の面積は,

$$(a_{11}a_{22} - a_{12}a_{21})\Delta y_1 \Delta y_2 = \delta \Delta y_1 \Delta y_2 \tag{3.48a}$$

$$\delta = |\boldsymbol{A}|, \quad \boldsymbol{A} = \begin{bmatrix} a_{11} & a_{12} \\ a_{21} & a_{22} \end{bmatrix} \tag{3.48b}$$

となる. $|\boldsymbol{A}|$ は $\boldsymbol{A}$ の行列式でヤコビアンとよばれている. したがって,

$$g(y_1, y_2) = f[\psi_1(y_1, y_2), \psi_2(y_1, y_2)]|\boldsymbol{A}| \tag{3.49}$$

となる. 変換された変数の同時確率密度関数にはヤコビアンがかかってくることに注意が必要である. ($|\boldsymbol{A}|$ が負の場合はその絶対値をとる.)

3.3.2 n 次元の確率変数の変数変換

式 (3.49) は 3 つ以上の変数の変換でも成り立ち, $Y_1 = \varphi_1(X_1, X_2, \cdots, X_n), Y_2 = \varphi_2(X_1, X_2, \cdots, X_n), \cdots, Y_n = \varphi_n(X_1, X_2, \cdots, X_n)$ とする. $\varphi_1, \varphi_2, \cdots, \varphi_n$ の

逆関数を $\psi_1, \psi_2, \cdots, \psi_n$, $(X_1, X_2, \cdots, X_n)$ および $(Y_1, Y_2, \cdots, Y_n)$ の同時密度関数を $f(x_1, x_2, \cdots, x_n)$, $g(y_1, y_2, \cdots, y_n)$ とすると,

$$g(y_1, y_2, \cdots, y_n)$$
$$= f[\psi_1(y_1, y_2, \cdots, y_n), \psi_2(y_1, y_2, \cdots, y_n), \cdots, \psi_n(y_1, y_2, \cdots, y_n)]|\boldsymbol{A}| \quad (3.50\text{a})$$
$$\boldsymbol{A} = (i, j) \text{ 要素が } \frac{\partial \psi_j}{\partial y_i} \text{ である } n \times n \text{ の行列} \quad (3.50\text{b})$$

となる. ($|\boldsymbol{A}|$ が負の場合はその絶対値をとる.)

問題 3.6 X, Y の同時確率密度関数が

$$f(x, y) = \begin{cases} \dfrac{1}{4}x + \dfrac{1}{2}y & (0 < x \leq 2,\ 0 < y \leq 1) \\ 0 & (\text{それ以外}) \end{cases}$$

であるする.

(a) X, Y の周辺確率密度関数, 条件付確率密度関数を求めよ.
(b) X, Y の相関係数を求めよ.
(c) $X^* = \ln X$, $Y^* = e^Y$ とする. X^*, Y^* の同時確率密度関数を求めよ.

3.4 多次元の確率分布の例

3.4.1 多項分布

二項分布は, 0 (失敗) と 1 (成功) の 2 つの状態をとる Bernoulli 試行を n 回繰り返した場合の成功回数の確率を与える分布であった. いま, これを一般化して, 2 つの状態ではなく, 各試行で $k \geq 2$ の異なった状態 $A_1, A_2, \cdots, A_k$ のいずれか 1 つをとるとし, p_i を A_i となる確率とする. この試行を n 回行い, 各試行の結果は独立であるとする. X_i を A_i となる回数とすると, $X_1, X_2, \cdots, X_n$ の同時確率分布は,

$$f(x_1, x_2, \cdots, x_k) = P(X_1 = x_1, X_2 = x_2, \cdots, X_k = x_k)$$
$$= n! \prod_{i=1}^{k} \left(\frac{p_i^{x_i}}{x_i!} \right) \quad (3.51\text{a})$$

$$x_i = 0, 1, 2, \cdots, n, \qquad \sum_{i=1}^{k} x_i = n \tag{3.51b}$$

となるが，この分布を**多項分布**とよぶ．

問題 3.7 A_1, A_2, A_3 を確率 0.1, 0.3, 0.6 でとる試行を繰り返す多項分布を考えるとする．

(a) この試行を 2 回繰り返した場合の同時確率分布を求めよ．
(b) n 回繰り返した場合の同時確率分布を求めよ．

3.4.2 多変量正規分布

多次元の分布で最も重要なものは，正規分布を多次元へ拡張した**多変量 (多次元) 正規分布**である．$X_1, X_2, \cdots, X_k$ が多変量 (k 変量) 正規分布に従うとき，その同時確率密度関数は，

$$f(x) = \frac{1}{(2\pi)^{k/2} |\boldsymbol{\Sigma}|^{1/2}} \exp\left[-\frac{1}{2} (\boldsymbol{x} - \boldsymbol{\mu})' \boldsymbol{\Sigma}^{-1} (\boldsymbol{x} - \boldsymbol{\mu})\right] \tag{3.52}$$

$$\boldsymbol{x} = \begin{bmatrix} x_1 \\ x_2 \\ \vdots \\ x_k \end{bmatrix}, \quad \boldsymbol{\mu} = \begin{bmatrix} \mu_1 \\ \mu_2 \\ \vdots \\ \mu_k \end{bmatrix}, \quad \boldsymbol{\Sigma} = \begin{bmatrix} \sigma_1{}^2 & \sigma_{12} & \cdots & \sigma_{1k} \\ \sigma_{12} & \sigma_2{}^2 & \cdots & \vdots \\ \vdots & \cdots & \ddots & \sigma_{k-1,k} \\ \sigma_{1k} & \cdots & \sigma_{k-1,k} & \sigma_k{}^2 \end{bmatrix}$$

$$\sigma_i{}^2 = V(X_i), \qquad \sigma_{ij} = \mathrm{cov}\,(X_i, X_j)$$

となる．$\boldsymbol{x}$ は k 次元のベクトル，$\boldsymbol{\Sigma}$ は $k \times k$ の分散–共分散行列で，正値定符号行列[*1]であるとする．

$X_1, X_2, \cdots, X_k$ が多変量 (k 変量) 正規分布に従うとき，その任意の線形和，$Z = \sum a_i X_i$ は (定数となる場合を除き) 正規分布に従う．また，変数が多変量正規分布に従う場合，相関係数が 0 であれば独立となる．

[*1] 行列 $\boldsymbol{\Sigma}$ が**正値定符号行列**であるとは，$\boldsymbol{v} \neq \boldsymbol{0}$ である任意の実ベクトルに対して $\boldsymbol{v}' \boldsymbol{\Sigma} \boldsymbol{v} > 0$ となることである．

3.5　Riemann–Stieltjes 積分

　これまでは，期待値を計算する場合など，離散型と連続型の確率変数を分けて扱ってきた．これでは，表記が複雑になり，離散型と連続型の混合分布の場合などの扱いが大変である．離散型・連続型のいずれでも分布関数は定義されるので，分布関数を使って，期待値などを表すことが可能である．いま，離散型の確率変数の期待値を考えると，これは，とりうる値にその確率を掛けて加えたものである．また，連続型の場合は，微小区間を考えて，同様のことを行い，区間の幅 $\to 0$ の極限を考えた．分布関数の定義から，ある区間 $(x_i, x_{i+1}]$ に入る確率は，$F(x_{i+1}) - F(x_i)$ であり，これを使って積分・期待値を定義する．$Y = g(X)$ として，g を Borel 可測な関数とする．(Borel 可測については，付録 A で説明する．) $a < b$ とし，a, b 間を $x_{i+1} = x_i + \Delta x$ $(i = 0, 1, \cdots, n)$，$\Delta x = (b-a)/n$ によって n 個の等間隔の区間に分ける．x_i^* を $[x_i, x_{i+1}]$ に含まれる適当な値とし，

$$S_n = \sum_{i=0}^{n-1} g(x_i^*)[F(x_{i+1}) - F(x_i)] \tag{3.53}$$

とする．いま，$n \to \infty$ 場合，x_i^* の選択によらず同一の値に収束する場合 (S_n の値を最も大きくするように x_i^* の値を選択した場合の値 $\overline{S}_n = \sup S_n$ でも，最も小さくするように x_i^* の値を選択した場合の値 $\underline{S}_n = \inf S_n$ でも同一の値に収束する)，これを **Riemann–Stieltjes** (リーマン–スティルチェス) **積分**とよび，

$$\int_a^b g(x)\,\mathrm{d}F(x)$$

と表す．したがって，$Y = g(X)$ の期待値は，

$$E(Y) = \int_{-\infty}^{\infty} g(x)\,\mathrm{d}F(x) \tag{3.54}$$

となる．

　x が離散型の確率変数で，確率関数が $f(x)$，とりうる値が $a_1, a_2, \cdots, a_k$ であるとする．区間の幅が十分小さい場合，

$$F(x_{i+1}) - F(x_i) = \begin{cases} 0 & ((x_i, x_{i+1}] \text{ が } a_1, a_2, \cdots, a_k \text{ を含んでいない場合}) \\ f(a_j) & (a_j \in (x_i, x_{i+1}]) \end{cases} \tag{3.55}$$

であり，離散型の確率変数の期待値の定義と一致する．また，x が連続型の確率変数の場合，確率密度関数を $f(x)$ とすると，

$$\lim_{\Delta x \to 0} \frac{F(x+\Delta x)-F(x)}{\Delta x} = f(x) \Leftrightarrow \mathrm{d}F(x) = f(x)\,\mathrm{d}x \tag{3.56}$$

で，連続型の確率変数の期待値の定義と一致する．

式 (3.55) の表現は，離散型・連続型 (およびその混合) のいずれでも表すことができることになる．以後，本書では，確率変数の期待値は Riemann–Stieltjes 積分を使い，離散型・連続型を区別せずに表すこととする．

Riemann–Stieltjes 積分では，積分が定義されるためには，g が適当な連続性を有する必要がある．g が無限個の不連続点をもつと，$\overline{S}_n$ と $\underline{S}_n$ が同一の値に収束せず，積分が定義されない場合が起こる．このためには，Lebesgue–Stieltjes (ルベーグ–スティルチェス) 積分を考える必要があるが，本書が扱う内容では，Riemann–Stieltjes 積分で十分であり，Lebesgue–Stieltjes 積分についてはふれない．

注意 3.1 工学系の一部分野において使われているものにデルタ関数がある．**デルタ関数**とは

$$\int_{-\infty}^{\infty} f(x) = 1, \qquad f(x) = 0 \qquad (x \neq 0) \tag{3.57}$$

を満たす関数で，$x=0$ において無限の確率密度をとるものであり，通常の関数でないため超関数とよばれる．[通常，$f(x)=0\ (x\neq 0)$ となる関数では，積分を考えると 0 となってしまう．] たとえば，正規分布において標準偏差 σ を $\sigma \to 0$ とした限界と考えることができる．しかしながら，無限を扱うと数学的な問題を生じるため，本書ではデルタ関数は扱わない． ◁

3.6 大数の法則と中心極限定理

大数の法則と**中心極限定理**は確率論の重要な大定理であり，これによって確率変数の和や平均の分布について，もとの確率変数の分布によらず，多くのことを知ることができる．ここでは，大数の法則と中心極限定理について説明する．

3.6.1 大数の法則

いま,表の出る確率が p,裏が出る確率が $q = 1-p$ のコインがあったとする.このコインを投げ,表が出れば 1 点,裏が出れば 0 点とする.いま,このコインを n 回投げて,各回の結果を $X_1, X_2, \cdots, X_n$ とする.$r = \sum X_i = X_1 + X_2 + \cdots + X_n$ は 1 が出た回数 (成功回数) であるが,それを試行回数 n で割ると,成功率 r/n を求めることができる. (成功率は $X_1, X_2, \cdots, X_n$ の平均 $\bar{X} = \sum X_i/n$ となっている.)

大数の法則はこの成功率 r/n が n が大きくなるに従って,真の確率 p に近づくことを保証している.ところで成功率は各変数の平均,p は各変数の期待値であるので,確率変数の平均は,n が大きくなるに従い,期待値に近づく (収束する) ことになる.これは,コイン投げのような場合ばかりでなく,一般の確率変数についても拡張することができる.

大数の法則はどの収束を考えるかにより,強法則と弱法則に分かれる (収束の概念に関しては付録 A を参照).概収束の場合を**大数の強法則**,確率収束の場合を**大数の弱法則**とよぶ.ここでは,大数の強法則が成り立つための 2 つの条件 [**独立同一分布** (i.i.d. と略される) の場合と,同一分布でない場合] について説明する. (弱法則の場合,「概収束」を「確率収束」に代える.)

定理 3.1 [**大数の法則** (独立,同一分布の場合)] $X_1, X_2, \cdots, X_n, \cdots$ が独立で,同一分布に従うとし,期待値 μ が存在するとする. (分散などは存在する必要はない.) このとき,確率変数の平均 $\bar{X} = \sum X_i/n$ は μ に概収束する.すなわち,

$$\bar{X} \xrightarrow{\text{a.s.}} \mu \tag{3.58}$$

となる.

定理 3.2 [**大数の法則** (同一分布でない場合)] $X_1, X_2, \cdots, X_n, \cdots$ が独立で X_i が期待値 μ_i,有限の分散 σ_i^2 をもつとする. (同一分布に従う必要なく,各変数の期待値・分散は等しい必要はない.)

$$m_n = E(\bar{X}) = \frac{1}{n}\sum_{i=1}^{n}\mu_i$$

とし、

$$\sum_{i=1}^{\infty} \frac{\sigma_i{}^2}{i^2} < \infty$$

であるとすると、確率変数の平均 $\bar{X} - E(\bar{X}) = \bar{X} - m_n$ は 0 に概収束する。すなわち、

$$\bar{X} - E(\bar{X}) = \bar{X} - m_n \xrightarrow{\text{a.s.}} 0 \tag{3.59}$$

となる．

大数の法則は、参加費の方が賞金の期待値より大きい賭けを続ければ、長期間には必ず負けることを保証している．宝くじを購入した場合、賞金として払い戻されるのは売上金の 50% である．宝くじを長期間買い続ければ、購入金額の半分の金額しか返ってこないことになる．なお、独立同一分布の場合であっても、その分布が Cauchy 分布の場合は、期待値が存在しないので、大数の条件は満足されず、大数の法則は成り立たない．

3.6.2 中心極限定理

大数の法則では、確率変数の平均が n が大きくなるに従って、その期待値に近づく (概収束・確率収束する) ことを示しているが、中心極限定理はその近づき方を表している．

$\{X_n\}$ を独立で同一分布に従う期待値 μ、分散 σ^2 の確率変数列とする．平均を $\bar{X}$ とすると、大数の法則から、$\bar{X} - \mu$ は 0 に確率収束するので、どのように近づくか近づき方がわからない．そこで、$\bar{X} - \mu$ に $\sqrt{n}$ を掛けた $\sqrt{n}(\bar{X} - \mu)$ を考える．今度は、$\sqrt{n}$ が無限大となるので、0 になるとは限らない．中心極限定理は、$\sqrt{n}(\bar{X} - \mu)/\sigma$ の分布が n が大きくなるに従って、(もとの確率変数の分布によらず)、標準正規分布 $N(0,1)$ に近づくことを保証している．ここでは、独立同一分布と同一分布でない場合の 2 つの中心極限定理を示す．なお、正規分布は連続型の分布であるが、中心極限定理は離散型の確率変数についても成り立つ．この場合は、関数の和の累積分布関数が、正規分布の累積分布関数に近づく．

定理 3.3 [**Lindeberg–Levy** (リンドバーグ–レビー) **の中心極限定理** (独立・同一分布の場合)] $\{X_n\}$ は独立で同一分布に従い、期待値 μ、分散 σ^2 である確率

変数とする．この平均を $\bar{X}$ とし，

$$Z_n = \frac{\sqrt{n}(\bar{X}-\mu)}{\sigma}$$

とする．Z_n の分布関数を $F_n(x)$ とすると，任意の x に対して，$F_n(x)$ は $n\to\infty$ の場合，標準正規分布の累積分布関数に収束し，

$$Z_n \xrightarrow{D} N(0,1) \tag{3.60}$$

となる．

定理 3.4 [Lindeberg–Feller (リンドバーグ–フェラー) の中心極限定理 (同一分布でない場合)] $\{X_n\}$ は独立で，$E(X_i)=\mu_i$, $V(X_i)=\sigma_i^2$ であるとする．(同一分布に従う必要はなく，期待値，分散も等しい必要はない．)

$$m_n = E(\bar{X}) = \frac{1}{n}\sum_{i=1}^n \mu_i, \qquad Z_n = \frac{\sqrt{n}(\bar{X}-m_n)}{s_n}, \qquad s_n^2 = \frac{1}{n}\sum \sigma_i^2$$

とする．ここで，任意の $\varepsilon>0$ に対し，

$$\lim_{n\to\infty} \frac{1}{C_n^2}\sum_{i=1}^n \int_{|x-\mu_i|>\varepsilon C_n}(x-\mu_i)^2\,\mathrm{d}F_i(x) = 0, \qquad C_n = \sqrt{\sum_{i=1}^n \sigma_i^2} \tag{3.61}$$

である場合，Z_n は，標準正規分布の累積分布関数に収束する．すなわち，

$$Z_n \xrightarrow{D} N(0,1) \tag{3.62}$$

となる．

式 (3.61) の条件は，F_n の分布があまり大きく広がっていかないことを意味している．また，$\{X_i\}$ が独立同一分布に従い，有限の分散 σ^2 をもつ場合，F を共通の分布関数とすると，

$$\frac{1}{C_n^2}\sum_{i=1}^n \int_{|x-\mu_i|>\varepsilon C_n}(x-\mu_i)^2\mathrm{d}F_i(x) = \frac{1}{\sigma^2}\int_{|x-\mu|>\varepsilon\sigma\sqrt{n}}(x-\mu)^2\mathrm{d}F(x) \tag{3.63}$$

であり，この条件は常に満足される．また，独立同一分布でない場合，適当な $\delta>0$ に対してすべての i について $E(|X_i|^{2+\delta})$ が存在して，

$$\lim_{n\to\infty}\sum_{i=1}^n \frac{E(|X_i|^{2+\delta})}{C_n^{2+\delta}} = 0 \tag{3.64}$$

となる場合 [これは Lyapounov (リアプノフ) の条件とよばれている], 式 (3.63) の条件は満足される. また, この条件は, 適当な $c < \infty$ に対して, すべての i において $E(|X_i|^{2+\delta}) < c$ となる場合, 満足される.

問題 3.8 $Z_1, Z_2, \cdots$ は独立同一分布に従い, 期待値 0, 分散 σ^2, $E\left[|Z_i|^3\right] = m_3 < \infty$ であるとする. $X_i = i^\delta Z_i$ とした場合, 大数の法則, 中心極限定理が成立する δ の範囲を求めよ.

中心極限定理の精度を $\{X_n\}$ が i.i.d. で, 独立同一分布に従う場合について説明する. (必要な高次のモーメントは存在するものとする.) 精度はもとの変数の分布に依存する. もし, 分布が μ に対して対称で歪度が 0 であれば, **Edgeworth** (エッジワース) **展開**とよばれる特性関数の展開において $1/\sqrt{n}$ のオーダーの項が無視できるため) 比較的小さな n でかなり良い近似が得られる. 対称でなく, 大きくひずんでいる場合はかなり大きな n が必要となる. なお, 一般に $\Phi(x)$ を標準正規分布の累積分布関数とすると, 中心極限定理の精度としては, 次の **Berry–Essen** (ベリー–エシーン) の**不等式**が知られている.

$$|F_n(x) - \Phi(x)| \leq a \frac{E\left[|X_i|^3\right]}{\sigma^3} \frac{1}{\sqrt{n}} \tag{3.65}$$

ここで, $0.404974 < a < 0.7975$.

ところで, $n \to \infty$ の場合の分布などを論じる場合, **漸近分布**のように漸近 (的) という用語が使われる. 中心極限定理によって, Z_n の漸近分布は標準正規分布であるが, これを asymptotic (漸近的) の頭文字を使って,

$$Z_n \overset{A}{\sim} N(0,1), \qquad X_n \overset{A}{\sim} N\left(\mu, \frac{\sigma^2}{n}\right) \tag{3.66}$$

のように表す. (第 2 式は数学的にはやや厳密さに欠けるが, n が十分大きい場合に近似的に成り立つという意味で, しばしば用いられる表現方法である.)

4 推定と検定

2章で説明した分布のうち,正規分布は,多くのデータがこの分布に従うことが知られているばかりでなく,数学的にも非常に取り扱いやすく,確率や統計学理論の中心となっている.また,たとえ,確率変数が正規分布に従わなくとも,中心極限定理によって漸近的に,本章の結果を使うことができる.ここでは,まず,統計学の基本的な概念である母集団と標本について説明し,正規分布に従う確率変数がどのように得られるかについて説明する.次いで,未知のパラメータを求めるのに必要な,正規分布から派生する重要な分布である χ^2 (カイ2乗) 分布および t 分布について説明する.さらに,標本分布および χ^2 分布・t 分布を使った区間推定・仮説検定について説明する.

4.1 母集団と標本

4.1.1 母集団・標本とは

われわれが知りたい集団全体を**母集団**とよぶ.たとえば,日本人の意識調査を行う場合は日本人全体が母集団となる.母集団全体をしらべることを**全数調査**とよぶ.全数調査の代表的なものに**国勢調査**がある.国勢調査は5年ごと (西暦で末尾が0または5の年) に行われ,調査年の10月1日に日本に居住している者全員を調査対象としている.しかしながら,母集団全体について知ることはしばしば困難である.このような場合,母集団からその一部を選び出し,選び出された集団について調査を行い,母集団について推定するということが行われる.これを**統計学的推測**とよび,母集団から選び出されたものを**標本**,選び出すことを**標本抽出**とよぶ.新聞社やテレビ局が行う世論調査では,通常,数千人程度を選び面接や電話などによる調査を行って結果を集計している.母集団・標本に含まれる要素の数を (母集団・標本の) 大きさとよび,それぞれ N, n で表す.

しかしながら,標本は母集団のごく一部であり,標本が母集団の分布を良く表しているかどうかは,どのような標本を抽出するかに依存し,不確実性やばらつきの問題が生じる.母集団が1億人からなるとし,標本として1000人抽出した

とすると n/N は 10 万分の 1 にすぎないし，大規模な調査を行って 1 万人を調査しても 1 万分の 1 にすぎない．このような標本抽出にともなう不確実性やばらつきに対応するためには，どうしても確率的な取扱いが必要不可欠となる．

4.1.2 母集団の分布とランダムサンプリング

母集団はある分布をもっているが，その分布が $f(x)$ で表されるとする．われわれの目的はこの母集団の分布について知ることであるが，全数調査が不可能であり，標本調査を行うものとする．この母集団から**単純ランダムサンプリング** (または単純無作為抽出) とよばれる方法で，$X_1, X_2, \cdots, X_n$ を標本として抽出したとする．単純ランダムサンプリングは母集団の各要素が選ばれる確率を等しくするものであり，最も基本的かつ重要な標本抽出方法である．母集団は非常に多くの要素からなるのが一般的であり，数学的な取り扱いを簡単にするため $N = \infty$ とする．このような母集団から，単純ランダムサンプリングで標本抽出を行うと，$X_1, X_2, \cdots, X_n$ は独立で，母集団 $f(x)$ の分布と同一の分布に従う確率変数となる．

4.1.3 正規母集団

本章では，特に，母集団の分布が正規分布 $N(\mu, \sigma^2)$ に従っている場合，すなわち，正規母集団の場合を考える．μ, σ^2 は母集団を決定するパラメータで，**母数**とよばれる．μ, σ^2 はそれぞれ母集団の平均および分散となっているので，**母平均**および**母分散**とよばれている．

ところで，母数は未知であり，抽出された $X_1, X_2, \cdots, X_n$ から母数を求める必要がある．これを**推定**とよび，母数を推定するために標本から求めたものを**推定量**とよぶ．推定量は $X_1, X_2, \cdots, X_n$ の関数であり，確率変数となる．

4.2 点推定と区間推定

母数を求めるのにある 1 つの値で求める方法を点推定とよぶ．また，推定には誤差があることを考慮し，真の母数の値が入る確率が一定以上となる区間を求める方法を区間推定とよぶ．ここでは，母平均 μ と母分散 σ^2 の点推定について述べ，次いで区間推定について説明する．

4.2.1 μ と σ^2 の点推定

母平均 μ を求めるのには，確率変数 $X_1, X_2, \cdots, X_n$ の平均 (標本平均)

$$\bar{X} = \frac{X_1 + X_2 + \cdots + X_n}{n} = \sum \frac{X_i}{n} \tag{4.1}$$

が使われる．(表記を単純にするために，以後，i について 1 から n まで加えることを上下の記号を省略して $\sum$ だけで表す．) また，σ^2 は偏差 $X_i - \bar{X}$ を使って，標本分散

$$s^2 = \sum \frac{(X_i - \bar{X})^2}{n-1} \tag{4.2}$$

で推定する．$\sum(X_i - \bar{X})^2$ は偏差の 2 乗和であるが，n でなく $(n-1)$ で割っていることに注意する必要がある．一般に分散を求める場合，母集団では偏差の 2 乗和を N で，標本では $n-1$ で割って求める．

注意 4.1 n で割る定義を用いる教科書も多い． ◁

ところで，標本平均のように標本の情報を集約したものを**統計量**とよぶ．推定量は，特別な統計量である．

$X_1, X_2, \cdots, X_n$ は確率変数であり，$\bar{X}, s^2$ も確率変数となる．その期待値を μ とすると，$\bar{X}$ については，

$$E(\bar{X}) = \mu \tag{4.3}$$

となる．一方，$Z_i = X_i - \mu$ とすると，

$$E(Z_i \cdot Z_j) = \begin{cases} \sigma^2 & (i = j) \\ 0 & (i \neq j) \end{cases} \tag{4.4}$$

であり，$\bar{Z} = \frac{1}{n}\sum Z_i$ とすると，

$$\begin{aligned}
E(s^2) &= \frac{1}{n-1} E\left[\sum (X_i - \bar{X})^2\right] = \frac{1}{n-1} E\left\{\sum \left[(X_i - \mu) - (\bar{X} - \mu)\right]^2\right\} \\
&= \frac{1}{n-1} E\left[\sum Z_i^2 - 2\sum \bar{Z} Z_i + \sum \bar{Z}^2\right] \\
&= \frac{1}{n-1}\left\{\sum E(Z_i^2) - \frac{2}{n}\sum E\left[Z_i(Z_1 + Z_2 + \cdots + Z_n)\right]\right. \\
&\qquad \left. + \frac{1}{n^2}\sum E\left[(Z_1 + Z_2 + \cdots + Z_n)^2\right]\right\} \\
&= \frac{1}{n-1}(n\sigma^2 - 2\sigma^2 + \sigma^2) = \sigma^2
\end{aligned} \tag{4.5}$$

で真の母数の値となる．このように，期待値をとると真の母数となる推定量を**不偏推定量**とよぶ．また，標本平均 $\bar{X}$ の分散は，

$$V(\bar{X}) = \frac{1}{n^2} V\left(\sum X_i\right) = \frac{\sigma^2}{n} \tag{4.6}$$

となり，n が大きくなるに従って小さくなることがわかる．付録 A で説明する Chebyshev の不等式から，$n \to \infty$ とすると真の母数の値に確率収束するが，このような推定量を**一致推定量**とよぶ．不偏性，一致性は推定量が必要とする基本的な性質である．

4.2.2　有限母集団修正

本書では母集団の大きさ N が無限大，すなわち，無限母集団を考えるが，N が有限の場合を考えなければならない場合も存在する．たとえば，特注部品の強度検査ではすべての部品を破壊してしまっては意味がない．この場合，つぎにどの値が得られるかは以前の結果に依存するので，$X_1, X_2, \cdots, X_n$ は独立ではない．$\bar{X}$ の期待値は μ であり不偏推定量であるが，分散に関しては，式 (4.6) を用いることはできず，次の修正式が知られている．

$$V(\bar{X}) = \frac{N-n}{N-1} \frac{\sigma^2}{n} \tag{4.7}$$

$c(N, n) = (N-n)/(N-1)$ は，有限母集団修正とよばれている．有限母集団であるから，正規母集団の結果は正確には成立しないが，N, n が大きければ，(有限母集団修正を用いて) 近似的ではあるが同様の分析を行うことができる．

問題 4.1　$N = 5$ の母集団 $\{4.5, 6.8, 0.1, 8.0, 4.7\}$ から単純ランダムサンプリングによって $n = 4$ の標本を抽出し，標本平均を求めるとする．$V(\bar{X})$ を (a) $\bar{X}$ のとりうる値ごとの確率から，(b) 有限母集団修正を使って求め，両者が等しいことを示せ．

4.2.3　χ^2 分布

$X_1, X_2, \cdots, X_n$ は独立で $N(\mu, \sigma^2)$ に従う確率変数であり，正規分布の性質から，標本平均 $\bar{X}$ は，

$$\bar{X} \sim N\left(\mu, \frac{\sigma^2}{n}\right) \tag{4.8}$$

となる. (〜は確率変数がある確率分布に従うことを示す.) したがって, $\sqrt{n}(\bar{X}-\mu)/\sigma$ は標準正規分布 $N(0,1)$ に従うことになるが, σ は未知であり, 標本から計算した標準偏差 s で置き換える必要がある. このためには, まず, s^2 の分布を求める必要がある. このためには, (期待値 0 の) 正規分布を 2 乗してその和をとったものの分布が必要となるが, これを与えるのが χ^2 分布 [χ はギリシャ文字の「カイ」(chi)] である.

標準正規分布に従う確率変数 u_1 を 2 乗したものの分布を考えてみる. 変数変換の公式から, その確率密度関数は,

$$\begin{aligned} f(x) &= \frac{1}{\sqrt{2\pi}} \exp\left(-\frac{x}{2}\right) x^{-1/2} \\ &= \frac{1}{2^{1/2}\Gamma(1/2)} \exp\left(-\frac{x}{2}\right) x^{-1/2} \quad (x \geq 0) \end{aligned} \tag{4.9}$$

となる. [2 乗しているので, $f(x) = 0\ (x < 0)$ である.] この分布を自由度 1 の χ^2 **分布** (カイ 2 乗分布) とよぶ. 自由度 1 の χ^2 分布は, $\alpha = 1/2, \beta = 2$ のガンマ分布 $Ga(1/2, 2)$ である.

次に, 互いに独立な標準正規分布に従う k 個の確率変数 $u_1, u_2, \cdots, u_k$ を 2 乗して加えた $u_1^2 + u_2^2 + \cdots + u_k^2$ が従う分布を考えてみる. ガンマ分布の再生性から, この分布は, $Ga(k/2, 2)$ となり, 確率密度関数, 分布関数は

$$f(x) = \frac{1}{2^{k/2}\Gamma(k/2)} \exp\left(-\frac{x}{2}\right) x^{k/2-1} \tag{4.10a}$$

$$F(x) = \frac{1}{\Gamma(k/2)} \int_0^x z^{k/2-1} \exp\left(-\frac{z}{2}\right) dz \quad (x \geq 0) \tag{4.10b}$$

となる [x の負の部分では $f(x), F(x)$ の値は 0]. この分布を自由度 k の χ^2 分布とよび, $\chi^2(k)$ で表す. 図 4.1 は自由度 10 の χ^2 分布の確率密度関数である. χ^2 分布には, 再生性があり, 独立な $\chi^2(k_1)$ と $\chi^2(k_2)$ に従う確率変数の和は, $\chi^2(k_1+k_2)$ に従う.

$\chi^2(k)$ は次のような性質を満足する.

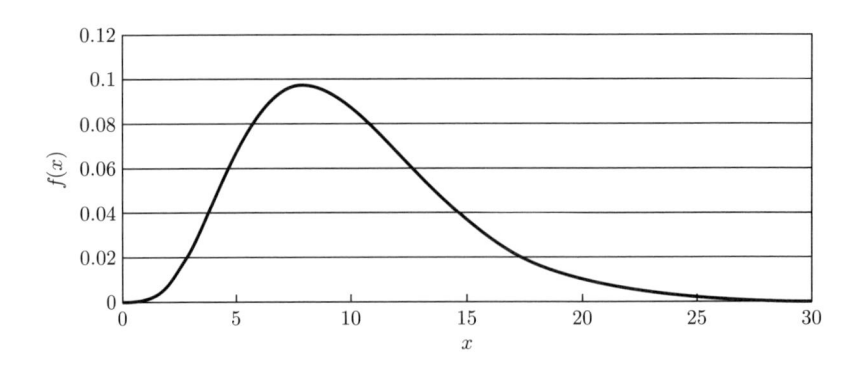

図 **4.1** χ^2 分布 (自由度 10) の確率密度関数

期待値：k，　分散：$2k$
中央値：(十分大きな k の値に対して近似的に) $k - \dfrac{2}{3}$
モード：$k \geq 2$ の場合 $k - 2$

原点まわりの r 次のモーメント：$\dfrac{2^r \Gamma\left(\dfrac{k}{2} + r\right)}{\Gamma\left(\dfrac{k}{2}\right)}$

歪度：$\sqrt{\dfrac{8}{k}}$，　尖度：$\dfrac{12}{k}$
モーメント母関数：$(1 - 2t)^{-k/2}$，　$t < \dfrac{1}{2}$
特性関数：$(1 - 2it)^{-k/2}$

偏差の 2 乗和を σ^2 で割ったもの，すなわち，$\sum(X_i - \bar{X}^2)/\sigma^2$ は，自由度 $n - 1$ の χ^2 分布 $\chi^2(n - 1)$ に従う．$X_i - \bar{X}$ は独立ではなく，$\sum(X_i - \bar{X}) = 0$ という条件を満たすので自由度は 1 減ってしまい，$n - 1$ となる (詳細は 7 章を参照)．

問題 4.2 自由度 1 の χ^2 分布の確率密度関数を 2 章の公式を使って求めよ．

4.2.4　t　分　布

$t = \sqrt{n}(\bar{X} - \mu)/s$ の分布を考えてみよう．これは次の t 分布に従う．

定義 4.1 t 分布とは 2 つの確率変数 Z_1 と Z_2 が次の 3 条件を満足するものである．

(a) $Z_1 \sim N(0,1)$，すなわち，Z_1 が標準正規分布に従う．
(b) $Z_2 \sim \chi^2(k)$，すなわち，Z_2 が自由度 k の χ^2 分布に従う．
(c) Z_1 と Z_2 は独立である．

この場合，
$$t = \frac{Z_1}{\sqrt{Z_2/k}} \tag{4.11}$$

は，自由度 k の t 分布 $t(k)$ に従う．t 分布は，標準正規分布と同様 0 に対して対称の山形の分布で，多くの区間推定や検定はこの分布を使って行う．確率密度関数，累積分布関数は，

$$f(x) = \frac{\Gamma\left(\dfrac{k+1}{2}\right)}{\sqrt{\pi k}\, \Gamma\left(\dfrac{k}{2}\right)\left(1+\dfrac{x^2}{k}\right)^{(k+1)/2}} \tag{4.12a}$$

$$F(x) = \begin{cases} \dfrac{1}{2} + \tan^{-1}\left(\dfrac{x}{\sqrt{k}}\right) + \dfrac{x\sqrt{k}}{k+x^2}\displaystyle\sum_{j=0}^{(k-3)/2} \dfrac{a_j}{\left(1+\dfrac{x^2}{k}\right)^j} & (k \text{ は奇数}) \\[2ex] \dfrac{1}{2} + \dfrac{x}{2\sqrt{k+x^2}}\displaystyle\sum_{j=0}^{(k-2)/2} \dfrac{b_j}{\left(1+\dfrac{x^2}{k}\right)^j} & (k \text{ は偶数}) \end{cases}$$
$$\tag{4.12b}$$

$$a_0 = 1, \quad a_j = \left(\frac{2j}{2j+1}\right) a_{j-1} \quad (j \geq 1)$$
$$b_0 = 1, \quad b_j = \left(\frac{2j-1}{2j}\right) b_{j-1} \quad (j \geq 1)$$

である．$k=1$ の場合の Cauchy 分布となる．また，自由度が無限大になると標準正規分布 $N(0,1)$ と一致する．図 4.2 は自由度 5 の t 分布の確率密度関数である．

$t(k)$ は次のような性質を満足する．

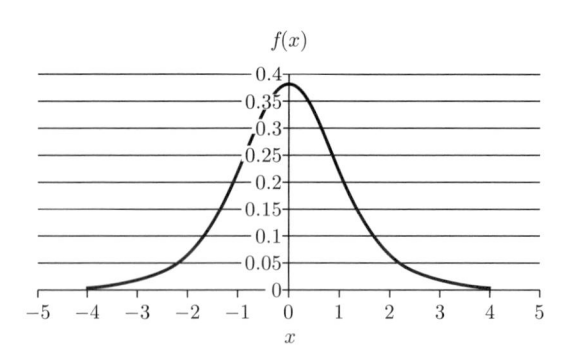

図 4.2　t 分布 (自由度 5) の確率密度関数

期待値：0, $k \geq 2$ ($k = 1$ の場合, 期待値は存在しない)

分散：$\dfrac{k}{k-2}$, $k \geq 3$ ($k \leq 2$ の場合, 分散は存在しない)

中央値：0, モード：0

原点まわりの r 次の モーメント ($r < k$) $= \begin{cases} 0 & (r \text{ は奇数}) \\ \dfrac{1 \cdot 3 \cdot 5 \cdots (r-1) k^{r/2}}{(k-2)(k-4) \cdots (k-r)} & (r \text{ は偶数}) \end{cases}$

($r \geq k$ の場合, モーメントは存在ない.)

歪度：0 ($k \geq 4$), 尖度：$\dfrac{6}{k-4}$ ($k \geq 5$)

モーメント母関数：存在しない.

特性関数：$\dfrac{\sqrt{\pi} \Gamma\left(\dfrac{k}{2}\right)}{\Gamma\left(\dfrac{k+1}{2}\right)} \displaystyle\int_{-\infty}^{\infty} \dfrac{\exp(itz\sqrt{k})}{(1+z^2)^{(k+1)/2}} dz$

なお, t 分布は Student (スチューデント) の t 分布ともよばれるが, これは, t 分布を求めた William Gosset (ゴセット, 1876〜1937) が論文のペンネームとして用いた Student からきている[*1].

問題 4.3 自由度が 1, 3, 7 の χ^2 分布および t 分布の確率密度関数を図示せよ.

[*1] Gosset は, 黒ビールで有名な Guiness (ギネス) 社の技師であり, その立場上, ほとんどの論文を Student の名で発表している.

4.2.5 標本平均の分布

ここで，すでに述べたように

(1) $\sqrt{n}(\bar{X} - \mu)/\sigma \sim N(0, 1)$
(2) $\sum(X_i - \bar{X})^2/\sigma^2 \sim \chi^2(n-1)$

である．また，

(3) $\bar{X}$ と $\sum(X_i - \bar{X})^2$

は独立となる (詳細は 7 章を参照)．したがって，

$$t = \frac{\sqrt{n}(\bar{X} - \mu)/\sigma}{\sqrt{\sum(X_i - \bar{X})^2/[(n-1)\sigma^2]}} = \frac{\sqrt{n}(\bar{X} - \mu)}{\sqrt{\sum(X_i - \bar{X})^2/(n-1)}} \tag{4.13}$$

は t 分布の 3 条件を満足し，自由度 $n-1$ の t 分布に従う．$s^2 = \sum(X_i - \bar{X})^2/(n-1)$ であり，結局，

$$t = \sqrt{n}(\bar{X} - \mu)/s \sim t(n-1) \tag{4.14}$$

となる．

4.2.6 区間推定

すでに述べたように，標本平均 $\bar{X}$ で母平均 μ を推定するので，標本からの推定には確率的な誤差を生じ，$\bar{X}$ は μ と一致しない．正規母集団の場合，両者が一致する確率は 0 である．しかしながら，$\bar{X}$ は μ の近くにある (その確率が高い) はずである．$\bar{X}$ を中心に，ある幅の区間を考えると，μ がその区間に含まれる確率は低くないはずである．

区間推定は，推定の誤差を考慮して，母平均 μ が入る確率が事前に決められた水準 $1-\alpha$ となる区間，すなわち，

$$P[L \leq \mu \leq U] \geq 1 - \alpha \tag{4.15}$$

となる区間 $[L, U]$ を求めるものである．この区間は**信頼区間**，L は**下限信頼限界**，U は**上限信頼限界**，$1-\alpha$ は**信頼係数**とよばれる．μ, σ^2 の区間推定は，t 分布と χ^2 分布を使って行うことができる．

a. μ の区間推定

自由度 $n-1$ の t 分布において，その点より上側の確率が $100\alpha\%$ となる点を**パーセント点**とよび，$t_\alpha(n-1)$ で表す．F をこの分布の累積分布関数とすると，$t_\alpha(n-1)$ は，

$$P[t > t_\alpha(n-1)] = \alpha \Leftrightarrow t_\alpha(n-1) = F^{-1}(1-\alpha) \qquad (4.16)$$

となる点である．[累積分布関数ではある値 x 以下の確率 $P(X \leq x)$ を考えているのに対して，パーセント点は x より大きな確率を考えている．] $t = \sqrt{n}(\bar{X} - \mu)/s$ は t 分布に従い，t 分布は原点に対して対称であるので，

$$P[|\sqrt{n}(\bar{X} - \mu)/s| \leq t_{\alpha/2}(n-1)] = 1 - \alpha \qquad (4.17)$$

となる．これを変形すると，

$$P[\bar{X} - t_{\alpha/2}(n-1)s/\sqrt{n} \leq \mu \leq \bar{X} + t_{\alpha/2}(n-1)s/\sqrt{n}] = 1 - \alpha$$

であり，μ の信頼係数 $1-\alpha$ の信頼区間は，

$$[\bar{X} - t_{\alpha/2}(n-1)s/\sqrt{n},\ \bar{X} + t_{\alpha/2}(n-1)s/\sqrt{n}] \qquad (4.18)$$

となる．同一の信頼係数に対する信頼区間は n が増加するに従って小さくなり，より詳しい推定が可能となる．なお，信頼区間の幅は $1/\sqrt{n}$ のオーダーでしか小さくならない．

b. 母分散の区間推定

自由度 $n-1$ の χ^2 分布の上側の確率が $100\alpha\%$ となるパーセント点を $\chi^2_\alpha(n-1)$ とすると，

$$P\left[\chi^2_{1-\alpha/2}(n-1) \leq \sum(X_i - \bar{X})^2/\sigma^2 \leq \chi^2_{\alpha/2}(n-1)\right] = 1 - \alpha \qquad (4.19)$$

となる．χ^2 分布は，原点に対して対称でなく，分布の上側と下側の 2 つのパーセント点が必要である．この式から，

$$P\left[\sum(X_i - \bar{X})^2/\chi^2_{\alpha/2}(n-1) \leq \sigma^2 \leq \sum(X_i - \bar{X})^2/\chi^2_{1-\alpha/2}(n-1)\right] = 1 - \alpha \qquad (4.20)$$

となり，母分散 σ^2 の信頼係数 $1-\alpha$ の信頼区間は

$$\left[\sum(X_i-\bar{X})^2/\chi^2_{\alpha/2}(n-1),\ \sum(X_i-\bar{X})^2/\chi^2_{1-\alpha/2}(n-1)\right] \tag{4.21}$$

となる．

なお，t 分布，χ^2 分布は連続型の分布であるため，(両端の点をとる確率は 0 であるから) 両端の点を区間に含めても含めなくても同一である．ここでは，離散型の分布への拡張を考慮して，両端の点を含めた閉区間を考えるものとする．

4.3 仮説検定

4.3.1 仮説検定とは

仮説検定は，観測された結果と期待される結果を比較し，母集団に関する命題を得られた標本から検証することを目的としている．ここに玩具のサイコロがあるが，これが正しくつくられているかどうか (1 から 6 までの目の出る確率が等しく 1/6 ずつになる) をサイコロを投げて検証してみる．表 4.1 は，このサイコロを 60 回投げた結果だが，厳密にサイコロが正しくつくられている場合の理論上の期待値とは一致していない．(そもそも，投げる回数が 6 の倍数でなければ一致することはない．)

重要なのは，この結果と理論値のずれが，確率的な誤差の範囲内かどうかである．統計学では，理論値とのずれが確率的な誤差の範囲を越え，誤りであると判断せざるを得ないとき，仮説を**棄却**するという．仮説を棄却するということは，得られた標本が (仮説が正しいとすれば) ほとんど起こらないほど出現する確率が低い場合である．この基準となる確率は**有意水準**とよばれ，α で表される．仮説が棄却された場合，仮説からのずれは**有意**であるという．

一般の仮説検定では，母集団の母数についてある条件を仮定して仮説を設定し，これを**帰無仮説**とよび，H_0 で表す．また，これと対立する仮説を**対立仮説**とよび，H_1 で表す．H_0, H_1 は互いに否定の関係にあり，同時に成り立つことはない．

表 **4.1** サイコロを 60 回投げた結果

サイコロの目	1	2	3	4	5	6
回　　数	11	16	11	7	8	7

(帰無) 仮説が棄却されないことを仮説が**採択**されたとよぶ. (なお, 仮説が採択されたといっても, これは観測結果が理論と矛盾しないということで, 正しいことが積極的に証明されたわけではない.)

ところで, 仮説検定には次の2つの誤りが考えられる.

(1) 帰無仮説が正しいのにもかかわらず, それを棄却してしまう, **第一種の誤り**.
(2) 帰無仮説が誤りにもかかわらず, それを採択してしまう, **第二種の誤り**.

一般に標本の大きさ n が一定の場合, 残念ながら, 両方の起こる確率を同時に小さくすることはできない. 検定においては, 第一種の誤りの起こる確率をある水準 α 以下に固定し, 第二種の誤りの起こる確率をできるだけ小さくする方法を考える. 実際の検定では有意水準 α の大きさは 5% や 1% が選ばれることが多いが, 必ずこの値にしなければならないということでなく, 検定の目的によって選ぶことが重要である. 以下, 具体的な検定について説明する.

4.3.2 母平均に関する検定

正規母集団の母平均に関する検定は最も広く行われている検定である. これを**両側検定**と**片側検定**とに分けて説明する.

a. 両側検定

両側検定では, 帰無仮説, 対立仮説をそれぞれ

$$H_0 : \mu = \mu_0, \qquad H_1 : \mu \neq \mu_0 \tag{4.22}$$

とする. μ_0 は, 理論的や目標から想定される数値である. たとえば, エアコンの温度を 25°C に設定し, 機器が正常に働いていたとすると, 観測される温度は (そのときの気象条件や部屋の使用条件などで当然ばらつくが), 25°C の周辺に分布するはずであり, $H_0 : \mu = 25.0$ となる.

検定は μ_0 と $\bar{X}$ がどの程度離れているかにもとづいて行う. 区間推定のところで述べたように, $t = \sqrt{n}(\bar{X} - \mu)/s$ は自由度 $n-1$ の t 分布に従う. 帰無仮説が正しいとすると $\mu = \mu_0$ であるから, 帰無仮説のもとでは,

$$t = \sqrt{n}(\bar{X} - \mu_0)/s \tag{4.23}$$

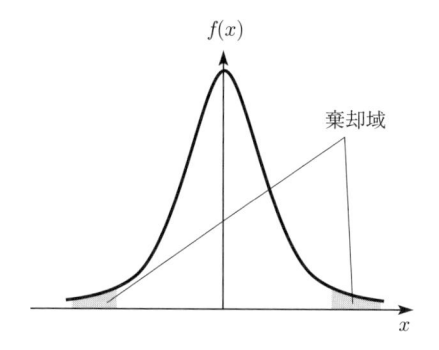

図：正規分布曲線のグラフ。縦軸 $f(x)$、横軸 x。曲線の両裾に棄却域が示されている。

図 4.3 両側検定では，帰無仮説の棄却域が両側にあり，t の値が小さすぎても大きすぎても棄却される．

は，$t(n-1)$ に従う．t のように検定に使われる統計量を**検定統計量**とよぶ．

目的に応じて適当な有意水準 α を選び，両側検定では t と t 分布のパーセント点 $t_{\alpha/2}(n-1)$ とを比較して，

- $|t| > t_{\alpha/2}(n-1)$ のときに帰無仮説を棄却する，
- $|t| \leq t_{\alpha/2}(n-1)$ のときに帰無仮説を棄却しない (採択する)，

ことになる．この検定は，帰無仮説の棄却域が両側 (t の値が大きすぎても小さすぎても棄却される) にあるため，両側検定とよばれる (図 4.3)．

ところで，自由度 $n-1$ の t 分布 $t(n-1)$ に従う確率変数において，得られた検定統計量の絶対値 $|t|$ より，その絶対値が大きくなる確率を求めることができるが，これを両側の p 値とよぶ．p 値は，帰無仮説が棄却される有意水準の最小値を表しているので，p 値と α を比較することによって (p 値 $< \alpha$ の場合，帰無仮説を棄却する) 検定を行うこともできる．

b. 片側検定

母平均の大きさが理論的・経験的に予想される場合，片側検定を行う．いま，μ の値が μ_0 より大きいことが予想されたとする．この場合，帰無仮説，対立仮説をそれぞれ

$$H_0 : \mu = \mu_0,, \qquad H_1 : \mu > \mu_0 \tag{4.24}$$

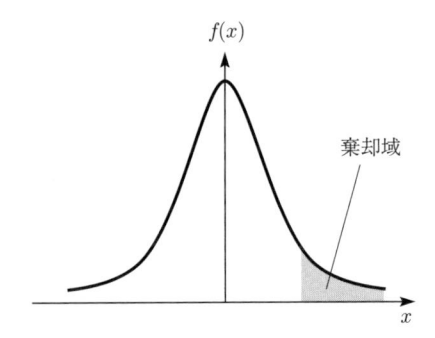

図 4.4 右片側検定では，帰無仮説の棄却域は右側 (t の値が大きい) 棄却のみとなる．

として右片側検定を行う．(両側検定を行うか，片側検定を行うかは，理論的・経験的に母平均の大きさが予測できるかどうかによる．また，$H_0 : \mu \leq \mu_0$ とする場合があるが，検定は同一である．)

帰無仮説は変わらないので，帰無仮説のもとでは両側検定と同じく

$$t = \sqrt{n}(\bar{X} - \mu_0)/s$$

は，$t(n-1)$ に従う．しかしながら，対立仮説が異なっているので，棄却域が異なってくる．前と同様に α を有意水準とすると，右片側検定では，t と $t_\alpha(n-1)$ を比較して，

- $t > t_\alpha(n-1)$ のときに帰無仮説を棄却する，
- $t \leq t_\alpha(n-1)$ のときに帰無仮説を棄却しない (採択する)，

ことになる (図 4.4)．

また，μ の値が μ_0 より小さいことが予想される場合は，帰無仮説，対立仮説をそれぞれ $H_0 : \mu = \mu_0$, $H_1 : \mu < \mu_0$ とし，$t < -t_\alpha(n-1)$ のときに帰無仮説を棄却し，$t \geq -t_\alpha(n-1)$ のときに帰無仮説を採択する左片側検定を行う．

ここで，$H_1 : \mu > \mu_0$ とする．自由度 $n-1$ の t 分布 $t(n-1)$ に従う確率変数において，得られた検定統計量の値 t より，その値が大きくなる確率を求めることができるが，これを片側の p 値とよぶ．($H_1 : \mu < \mu_0$ の場合は，t より小さくなる確率を考える．) 両側検定で説明したように，p 値は，帰無仮説が棄却される有意

水準の最小値を表しているので，p 値と α を比較することによって (p 値 $< \alpha$ の場合，帰無仮説を棄却する) 検定を行うこともできる．

4.3.3 母分散の検定

$\sum(X_i - \bar{X})^2/\sigma^2$ は自由度 $n-1$ の χ^2 分布，$\chi^2(n-1)$ に従う．いま，σ^2 に関する帰無仮説 $H_0 : \sigma^2 = \sigma_0{}^2$ の検定を考えると，帰無仮説が正しければ

$$\chi^2 = \sum(X_i - \bar{X})^2/\sigma^2 = (n-1)s^2/\sigma_0{}^2 \qquad (4.25)$$

は，$\chi^2(n-1)$ に従う．母分散の検定はこの関係を用いて行う．検定の有意水準を α とし，$\chi^2(n-1)$ のパーセント点と χ^2 を比較し，

(1) 対立仮説が $H_1 : \sigma^2 \neq \sigma_0{}^2$ のときは，両側検定を行う．すなわち，$\chi^2_{1-\alpha/2}(n-1) < \chi^2 < \chi^2_{\alpha/2}(n-1)$ の場合 H_0 を採択し，それ以外は棄却する．
(2) 対立仮説が $H_1 : \sigma^2 > \sigma_0{}^2$ のときは，右片側検定を行う．すなわち，$\chi^2 > \chi^2_{\alpha}(n-1)$ の場合 H_0 を棄却し，それ以外は採択する．
(3) 対立仮説が $H_1 : \sigma^2 < \sigma_0{}^2$ のときは，左片側検定を行う．すなわち，$\chi^2 < \chi^2_{1-\alpha}(n-1)$ の場合を棄却し，それ以外は採択する．

という検定を行う．両側検定を行うか，片側検定を行うかは，母平均の場合と同様，理論的・経験的に母分散の大きさが予測できるかどうかによる．

分散においても，p 値を考えることができる．片側の p 値は，$H_1 : \sigma^2 > \sigma_0{}^2$ の場合，$\chi^2(n-1)$ に従う確率変数が χ^2 の値より大きくなる確率となる．$H_1 : \sigma^2 < \sigma_0{}^2$ の場合は，χ^2 の値より小さくなる確率となる．χ^2 分布は原点に対して対称でないため，$\chi^2(n-1)$ の分布関数を F_0 とすると，両側の p 値は，

(1) $F_0(\chi^2) < 1/2$ の場合，$2F_0(\chi^2)$，
(2) $F_0(\chi^2) \geq 1/2$ の場合，$2[1 - F_0(\chi^2)]$

から求める．平均の場合と同様，p 値と α を比較することによって (p 値 $< \alpha$ の場合，帰無仮説を棄却する) 検定を行うこともできる．

4.4 推定と検定の例

本節では,データを使った推定・検定の分析例を示す.データの統計分析は各種の統計分析の専用プログラム (Eveiws, R, SAS, SPSS, STATA, TSP など) で行うことが可能であるが,現在では Excel のような,ほとんどのパソコンでも利用可能な汎用プログラムでも簡単に分析を行うことができる.(本書での分析例は,すべて Excel を用いて行っている.Excel によるデータ解析については,巻末の参考文献 [31] を参照せよ.)

表 4.2 は 1991〜2010 年まで気象庁による東京における年間降水量の推移である.この表のように同一対象に対する時点の異なるデータは**時系列データ**とよばれる.同一時点の異なる対象に対するデータは**クロスセクションデータ**とよばれる.また,いくつかの異なった対象に対して時系列データを集めたものは**パネルデータ**とよばれる.東京におけるこの 20 年間における年間降水量の概要は,平均 1578.7 mm,分散 6.3096×10^4 mm^2,標準偏差 251.2 mm,最大 2042.0 mm,最小 1131.5 mm である (有効数字の桁数に注意すること).ここでは,まず,度数分布表とヒストグラムによる分析について述べ,次いで,本章で説明した区間推定,仮説検定を行う.

a. 度数分布表とヒストグラム

度数分布表は,観測されたデータ (以後観測値とよぶ) を分析するのに使われる最も基本的かつ重要な分析方法である.度数分布表は,観測値のとりうる値をいくつかの範囲 (これを**階級**とよぶ) に分け,その階級に属する観測値の数 (これを**度数**とよぶ) を数えて表にするものである.階級は下限値と上限値によって決定

表 4.2 東京における降水量の推移

年	降水量 (mm)	年	降水量 (mm)	年	降水量 (mm)	年	降水量 (mm)
1991	2042.0	1996	1333.5	2001	1491.0	2006	1740.0
1992	1619.5	1997	1302.0	2002	1294.5	2007	1332.0
1993	1872.5	1998	1546.5	2003	1854.0	2008	1857.5
1994	1131.5	1999	1622.0	2004	1750.0	2009	1801.5
1995	1220.0	2000	1603.0	2005	1482.0	2010	1679.5

(出典) 気象庁ホームページ (http://www.data.jma.go.jp/obd/stats/etrn/index.php)

される. 階級を代表する値は, 階級値とよばれ, 通常, 下限値と上限値の中間値, すなわち,

$$階級値 = \frac{下限値 + 上限値}{2}$$

とする. ところで, ある階級の度数が 100 といっても, 全体の観測値数 (全数) n によってその意味が大きく異なる. そのため, その階級に属する観測値の割合を求めることが重要になるが, 度数を全数で割って, その階級の占める割合を求めたものを**相対度数**とよぶ. また, はじめの階級からその階級までの度数および相対度数を下から順に加えた累積和を**累積度数**および**累積相対度数**とよぶ. 累積度数・累積相対度数はその階級の上限値より小さい観測値の数, その割合を表し, 最後の階級では, 全数および 100% となる.

　度数分布表をつくる場合には, 階級の数と階級幅をどのようにするかが問題となる. 階級の数を少なくしすぎるとデータのもっている情報の多くが失われてしまう. 一方, 階級の数を多くしすぎると各階級の度数が小さくなりすぎて, データの整理・分析といった本来の目的が果せない. この問題は, 簡単なようであるがたいへん難しい問題で, 現在でもいろいろな研究論文が発表されている. 残念ながらいまだに決まった基準はないが, Sturges (スタージェス) の公式などを目安にする. これは, 観測値の全数を n として階級の数を

$$\log_2 n + 1$$

に近い整数とするものである. $n = 100$ の場合, $2^6 = 64$, $2^7 = 128$ であるので, 階級数は 7〜8 程度となる. 観測値の数が増えても階級の数はあまり増加しない. 日本人全体を対象としても 30 足らずの階級に分けてやればよいことになる. 度数分布表のままでは, わかりにくいので, これをグラフする. グラフにすることによって, 分布の形を視覚的にとらえることができ, データのもつ情報を総合的に判断することが可能となる. 度数のグラフとしては, 棒グラフを使い, これを**ヒストグラム**とよぶ. 表 4.3 および図 4.5 は表 4.2 のデータから作成した度数分布表およびそのヒストグラムである. (各階級の度数の計算は階級下限を含まず, 上限値を含むとして行っている. グラフを見やすくするため, ヒストグラムの横軸は階級値としている.) この期間の東京の年間雨量は 1250〜1750 mm の間が多かったことがわかる.

表 4.3 1990〜2010 年の東京の年間降水量 (mm) の度数分布表

階級下限	階級上限	階級値	度数	相対度数	累積度数	累積相対度数
1000	1250	1125	2	10.0%	2	10.0%
1250	1500	1375	6	30.0%	8	40.0%
1500	1750	1625	7	35.0%	15	75.0%
1750	2000	1875	4	20.0%	19	95.0%
2000	2250	2125	1	5.0%	20	100.0%

b. 区 間 推 定

次に，母平均 μ の信頼係数 $1-\alpha = 90\%$ の信頼区間を求めてみる．自由度 $n-1 = 19$ であるから，$t_{\alpha/2}(n-1) = 1.7291$, $t_{\alpha/2}(n-1)s/\sqrt{n} = 97.1$ で，母平均 μ の信頼区間は，

$$[\bar{X} - t_{\alpha/2}(n-1)s/\sqrt{n},\ \bar{X} + t_{\alpha/2}(n-1)s/\sqrt{n}] = [1481.6, 1675.8] \quad (4.26)$$

となる．

また，$\sum(X_i - \bar{X})^2 = 1.1988 \times 10^6$, $\chi^2_{1-\alpha/2}(n-1) = 10.117$, $\chi^2_{\alpha/2}(n-1) = 30.144$ であるから，母分散 σ^2 の信頼区間は，

$$\left[\frac{\sum(X_i - \bar{X})^2}{\chi^2_{\alpha/2}(n-1)},\ \frac{\sum(X_i - \bar{X})^2}{\chi^2_{1-\alpha/2}(n-1)}\right] = [3.9771 \times 10^4, 1.1850 \times 10^5] \quad (4.27)$$

となる．

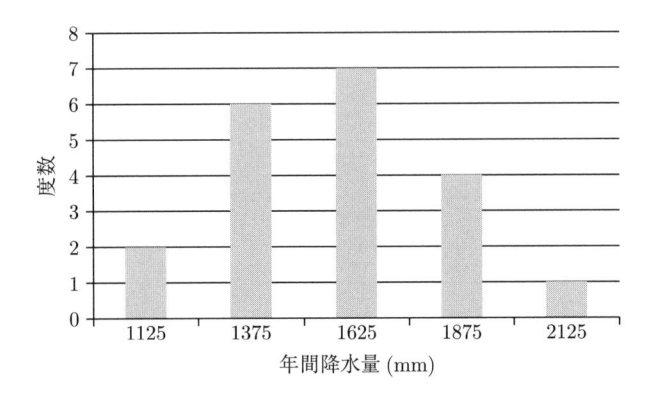

図 4.5 東京年間降水量のヒストグラム

注意 **4.2** ヒストグラムは，高校までは棒が隣接するように表現されていたが，複数のデータを同一のグラフに表示して比較する場合 (たとえば，東京と大阪のデータの比較) への拡張を考えて，ここでは棒を離して表示する．新聞などでもこのように表示されることが多い． ◁

c. 仮 説 検 定

まず，母平均 μ に関する仮説検定を行う．有意水準 α を 5%，帰無仮説，対立仮説をそれぞれ

$$H_0 : \mu = 1600.0, \qquad H_1 : \mu \neq 1600.0 \tag{4.28}$$

として両側検定を行う．検定統計量 t の値およびパーセント点は，

$$t = \sqrt{n}(\bar{X} - \mu_0)/s = -0.3788, \qquad t_{\alpha/2}(n-1) = 2.0930 \tag{4.29}$$

で，$|t| < t_{\alpha/2}(n-2)$ となり，帰無仮説を棄却しない (採択する)．また，p 値 (両側) は 70.905% となる．次に，

$$H_0 : \mu = 1525.7, \qquad H_1 : \mu > 1525.7 \tag{4.30}$$

として片側検定を行う．有意水準 α は同じく 5% とする．(なお，1525.7 mm は，1891～1990 年までの 100 年間の平均降水量である．)

$$t = \sqrt{n}(\bar{X} - \mu_0)/s = 0.9447, \qquad t_\alpha(n-1) = 1.7291 \tag{4.31}$$

であり，$t < t_\alpha(n-1)$ となり，帰無仮説を棄却しない (採択する)．p 値 (片側) は，17.833% である．

さらに，母分散に関する検定を

$$H_0 : \sigma^2 = 100.0^2 = 1.0 \times 10^4, \qquad H_1 : \sigma^2 \neq 1.0 \times 10^4 \tag{4.32}$$

として行う．有意水準 α は 5% とする．$\sum(X_i - \bar{X})^2 = 1.1988 \times 10^6$, $\chi^2_{1-\alpha/2}(n-1) = 8.907$, $\chi^2_{\alpha/2}(n-1) = 32.852$ であるから

$$\chi^2 = \sum(X_i - \bar{X})^2/{\sigma_0}^2 = 119.883 > \chi^2_{1-\alpha/2}(n-1) \tag{4.33}$$

となり，帰無仮説は棄却される．p 値 (両側) は 2.333×10^{-16} と非常に小さく，常識的な有意水準ではこの帰無仮説は棄却されることになる．

表 4.4 大阪における年間降水量の推移

年	降水量 (mm)	年	降水量 (mm)
1991	1433.0	2001	1041.5
1992	1220.5	2002	954.0
1993	1635.0	2003	1528.5
1994	744.0	2004	1594.5
1995	1379.0	2005	909.0
1996	1281.5	2006	1399.5
1997	1337.5	2007	962.5
1998	1605.0	2008	1262.5
1999	1365.5	2009	1165.0
2000	1163.5	2010	1568.0

(出典) 表 4.2 に同じ.

問題 4.4 表 4.4 は大阪における 1991〜2010 年までの降水量の推移である.

(a) 度数分布表およびヒストグラムを作成せよ.
(b) 降水量の平均, 分散, 標準偏差を求めよ.
(c) 母平均 μ, 母分散 σ^2 の信頼係数 $1 - \alpha = 95\%$ の信頼区間を求めよ.
(d) $H_0 : \mu = 1300.0$, $H_1 : \mu \neq 1300.0$ を有意水準 $\alpha = 5\%$ として検定せよ.
(e) $H_0 : \mu = 1000.0$, $H_1 : \mu > 1000.0$ を有意水準 $\alpha = 1\%$ として検定せよ.
(f) $H_0 : \sigma^2 = (200.0)^2 = 4.0 \times 10^4$, $H_1 : \sigma^2 \neq 4.0 \times 10^4$ を有意水準 $\alpha = 1\%$ として検定せよ.

5 異なった母集団の同一性の検定と F 分布

複数の母集団が同一かどうかは，非常に重要な問題である．ここでは，まず，2つの正規母集団が同一かどうかの検定について説明する．次いで，3つ以上の母集団が存在する場合の一元配置分散について述べる．さらに，χ^2 分布を使った独立性の検定および相関係数を使った検定について述べる．最後に分布の特性に依存しないノンパラメトリック検定として，Wilcoxson の順位和検定と，得られる2組のデータに対応関係がある場合の Wilcoxson の符号付順位検定について説明する．

5.1 2つの母集団の同一性の検定

2つの正規母集団が同一かどうかは，非常に重要な問題である．たとえば，薬の副作用をしらべる場合，実験用のマウスを2つのグループに分け，一方のみに薬を与え (処理群)，その結果，与えなかったグループ (対照群) と体重などに差が出るかどうかを検定する，といったことが広く行われている．これを **2標本検定** というが，ここでは，母平均の差の検定，F 分布を使った母分散の比の検定について述べる．

5.1.1 母平均の差の検定

2つの母集団が，正規分布 $N(\mu_1, \sigma_1{}^2)$, $N(\mu_2, \sigma_2{}^2)$ に従い，第1の母集団から $X_1, X_2, \cdots, X_m$ を，第2の母集団から $Y_1, Y_2, \cdots, Y_n$ を標本として抽出したとする．検定したいのは $\mu_1 = \mu_2$ かどうかであり，帰無仮説は，

$$H_0 : \mu_1 = \mu_2$$

となる．対立仮説は，両側検定の場合，

$$H_1 : \mu_1 \neq \mu_2$$

片側検定の場合，

$$H_1 : \mu_1 > \mu_2 \quad \text{または} \quad H_1 : \mu_1 < \mu_2$$

となる．両側か片側かは，目的や事前の情報に応じて決定される．検定は，2つの母分散が等しいかどうかによって異なるので，おのおのについて簡単に説明する．

a. $\sigma_1^2 = \sigma_2^2 = \sigma^2$ の場合の検定

2つの母分散が等しい場合，2つの標本平均を $\bar{X}, \bar{Y}$ とし，分散 σ^2 を

$$s^2 = \frac{\sum_{i=1}^{m}(X_i - \bar{X})^2 + \sum_{i=1}^{n}(Y_i - \bar{Y})^2}{m+n-2} \tag{5.1}$$

とすると，帰無仮説のもとで，

$$t = \frac{\bar{X} - \bar{Y}}{s\sqrt{\frac{1}{m} + \frac{1}{n}}} \tag{5.2}$$

は，自由度 $m+n-2$ の t 分布に従う．したがって，

(1) 両側検定では，$|t| > t_{\alpha/2}(m+n-2)$ の場合，帰無仮説を棄却し，それ以外は採択する，

(2) $H_1 : \mu_1 > \mu_2$ では，$t > t_\alpha(m+n-2)$ の場合，帰無仮説を棄却し，それ以外は採択する，

(3) $H_1 : \mu_1 < \mu_2$ では，$t < -t_\alpha(m+n-2)$ の場合，帰無仮説を棄却し，それ以外は採択する，

ことになる．

b. $\sigma_1^2 \neq \sigma_2^2$ の場合

母分散が等しくない場合，

$$s_1^2 = \sum \frac{(X_i - \bar{X})^2}{m-1}, \qquad s_2^2 = \sum \frac{(Y_i - \bar{Y})^2}{n-1}$$

をそれぞれの標本分散とすると，

$$t = \frac{\bar{X} - \bar{Y}}{\sqrt{\frac{s_1^2}{m} + \frac{s_2^2}{n}}} \tag{5.3}$$

は，帰無仮説のもとで近似的に自由度が

$$\nu = \frac{\left(\dfrac{s_1{}^2}{m} + \dfrac{s_2{}^2}{n}\right)^2}{\dfrac{(s_1{}^2/m)^2}{m-1} + \dfrac{(s_2{}^2/n)^2}{n-1}} \tag{5.4}$$

に最も近い整数 ν^* で与えられる t 分布 $t(\nu^*)$ に従う.したがって,

(1) 両側検定では,$|t| > t_{\alpha/2}(\nu^*)$ の場合,帰無仮説を棄却し,それ以外は採択する,

(2) $H_1 : \mu_1 > \mu_2$ では,$t > t_\alpha(\nu^*)$ の場合,帰無仮説を棄却し,それ以外は採択する,

(3) $H_1 : \mu_1 < \mu_2$ では,$t < -t_\alpha(\nu^*)$ の場合,帰無仮説を棄却し,それ以外は採択する,

ことになる.なお,この検定は **Welch (ウェルチ) の検定**とよばれている.

なお,この検定は近似的にしか成り立たないから,母分散が等しいにもかかわらずこの検定を行うと,検定の精度が落ちてしまうことになる.

5.1.2 母分散の比の検定と F 分布

a. 分 散 の 比

2つの正規母集団の母平均の検定は,母分散が等しいかどうかに依存する.また,2つの製造工程のばらつきの比較など,母分散が等しいかどうかそれ自体が重要となる場合もある.帰無仮説は,

$$H_0 : \sigma_1{}^2 = \sigma_2{}^2$$

で,対立仮説は,両側検定で

$$H_1 : \sigma_1{}^2 \neq \sigma_2{}^2$$

片側検定で

$$H_1 : \sigma_1{}^2 > \sigma_2{}^2 \quad \text{または} \quad H_1 : \sigma_1{}^2 < \sigma_2{}^2$$

となる.

このためには,分散の比の分布を考える.分散は χ^2 分布をその自由度で割ったものの定数倍となっているので,分散の比の分布を知るためには,χ^2 分布の比の分布を知ることが必要になるが,これは F 分布で与えられる.

b. F 分布

2つの確率変数 Z_1 と Z_2 が次の3条件を満足するとする.

(1) $Z_1 \sim \chi^2(k_1)$, すなわち, Z_1 が自由度 k_1 の χ^2 分布に従う.
(2) $Z_2 \sim \chi^2(k_2)$, すなわち, Z_2 が自由度 k_2 の χ^2 分布に従う.
(3) Z_1 と Z_2 は独立である.

この場合, Z_1 と Z_2 をその自由度で割ったものの比である Fisher (フィッシャー) 比,

$$F = \frac{Z_1/k_1}{Z_2/k_2} \tag{5.5}$$

は, 自由度 (k_1, k_2) の F 分布に従う.

自由度 (k_1, k_2) の F 分布の確率密度関数は,

$$f(x) = \frac{\Gamma\left(\dfrac{k_1+k_2}{2}\right) k_1^{k_1/2} k_2^{k_2/2}}{\Gamma\left(\dfrac{k_1}{2}\right)\Gamma\left(\dfrac{k_2}{2}\right)} x^{(k_1/2)-1}(k_2+k_1 x)^{-(k_1+k_2)/2} \quad (x \geq 0) \tag{5.6}$$

である. [χ^2 分布と同様, $f(x) = 0$ $(x < 0)$ である.]

$F(k_1, k_2)$ は次のような性質を満足する.

期待値 : $\dfrac{k_2}{k_2 - 1}$ $\quad (k_2 \geq 3)$

分散 : $\dfrac{2k_2^2(k_1+k_2-2)}{k_1(k_2-2)^2(k_2-4)}$ $\quad (k_2 \geq 5)$

モード : $\dfrac{k_2(k_1-2)}{k_1(k_2+2)}$ $\quad (k_2 \geq 3)$

原点まわりの r 次のモーメント :

$$\frac{\left(\dfrac{k_2}{k_1}\right)^r \Gamma\left(\dfrac{k_1}{2}+r\right)\Gamma\left(\dfrac{k_2}{2}-r\right)}{\Gamma\left(\dfrac{k_1}{2}\right)\Gamma\left(\dfrac{k_2}{2}\right)} \quad \left(r \leq \dfrac{k_2-1}{2}\right)$$

歪度 : $\dfrac{(2k_1+k_2-2)\sqrt{8(k_2-4)}}{(k_2-6)\sqrt{k_1(k_1+k_2-2)}}$ $\quad (k_2 \geq 7)$

尖度 : $\dfrac{12[(k_2-2)^2(k_2-4)+k_1(k_1+k_2-2)(5k_2-22)]}{k_1(k_2-6)(k_2-8)(k_1+k_2-2)}$ $\quad (k \geq 9)$

モーメント母関数：存在しない

特性関数：$\dfrac{G(k_1, k_2, t)}{B(k_1/2, k_2/2)}$, $B(\cdots)$：ベータ関数

G は次のように定義される関数である．

$$(m+n-2)G(m,n,t) = (m-2)G(m-2,n,t) + 2itG(m,n-2,t) \quad (m,n \geq 3)$$
$$mG(m,n,t) = (n-2)G(m+2,n-2,t) - 2itG(m+2,n-2,t) \quad (n \geq 5)$$
$$nG(2,n,t) = 2 + 2itG(2,n-2,t) \quad (n \geq 3)$$

図 5.1 は自由度 $(3,7)$ の F 分布の確率密度関数である．なお，$t \sim t(k)$ の場合，t^2 は自由度 $(1,k)$ の F 分布に従う．

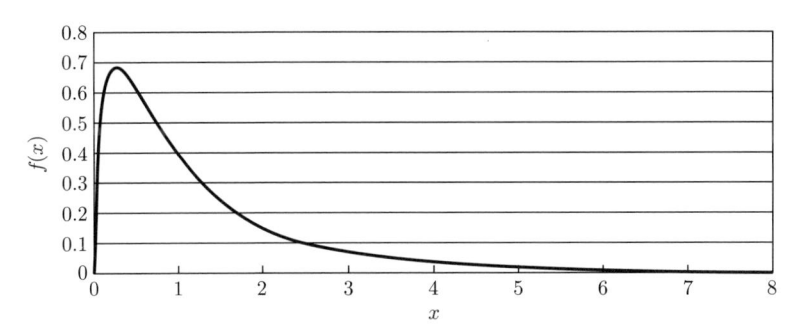

図 **5.1** F 分布 [自由度 (3,7)] の確率密度関数

c. 分散の比の分布と検定

ここで，

(i) $\sum(X_i - \bar{X})^2/\sigma_1^2 \sim \chi^2(m-1)$
(ii) $\sum(Y_i - \bar{Y})^2/\sigma_2^2 \sim \chi^2(n-1)$
(iii) $\sum(X_i - \bar{X})^2$ と $\sum(Y_i - \bar{Y})^2$ は独立

となる．したがって，

$$F = \frac{\sum(X_i - \bar{X})^2/[\sigma_1^2(m-1)]}{\sum(Y_i - \bar{Y})^2/[\sigma_2^2(n-1)]} = \frac{s_1^2}{s_2^2}\frac{\sigma_2^2}{\sigma_1^2} \tag{5.7}$$

は，自由度が $(m-1, n-1)$ の F 分布，$F(m-1, n-1)$ に従う．帰無仮説のもとでは，$\sigma_1^2 = \sigma_2^2$ であり，

$$F = s_1^2 / s_2^2 \tag{5.8}$$

が，$F(m-1, n-1)$ に従う．したがって，検定は，F の値と自由度 $(m-1, n-1)$ の F 分布のパーセント点 $F_{\alpha/2}(m-1, n-1)$，$F_{1-\alpha/2}(m-1, n-1)$，$F_\alpha(m-1, n-1)$ などとを比較して

(1) 両側検定では，$F < F_{1-\alpha/2}(m-1, n-1)$，$F > F_{\alpha/2}(m-1, n-1)$ の場合，帰無仮説を棄却し，それ以外は採択する．
(2) $H_1 : \sigma_1^2 > \sigma_2^2$ では，$F > F_\alpha(m-1, n-1)$ の場合，帰無仮説を棄却し，それ以外は採択する．
(3) $H_1 : \sigma_1^2 < \sigma_2^2$ では，$F < F_{1-\alpha}(m-1, n-1)$ の場合，帰無仮説を棄却し，それ以外は採択する．

ことになる．なお，$1/F \sim F(n-1, m-1)$ であるから，

$$F_{1-\alpha/2}(m-1, n-1) = 1/F_{\alpha/2}(n-1, m-1)$$
$$F_{1-\alpha}(m-1, n-1) = 1/F_\alpha(n-1, m-1)$$

となる．

分散比の F 検定においても，p 値を考えることができる．片側の p 値は，$H_1 : \sigma_1^2 > \sigma_2^2$ の場合，$F(m-1, n-1)$ において F の値より大きくなる確率となる．$H_1 : \sigma_1^2 < \sigma_2^2$ の場合は，F の値より小さくなる確率となる．χ^2 分布と同様，F 分布は原点に対して対称でない．$F(m-1, n-1)$ の分布関数を G とすると，両側の p 値は，

(1) $G(F) < 1/2$ の場合，$2G(F)$
(2) $G(F) \geq 1/2$ の場合，$2[1 - G(F)]$

から求める．平均の場合と同様，p 値と α を比較することによって（p 値 $< \alpha$ の場合，帰無仮説を棄却する）検定を行うこともできる．

5.2 3つ以上の母集団の同一性の検定と一元配置分散分析

s 個の正規母集団があり,それぞれ,$N(\mu_1, \sigma^2), N(\mu_2, \sigma^2), \cdots, N(\mu_s, \sigma^2)$ に従っているとする.3 個以上の母集団の平均には**分散分析** (ANOVA) が使われる.母集団の平均が異なる原因として,母集団の特性を表す要因 A があり,それが母集団ごとに $A_1, A_2, \cdots, A_s$ の s 個の異なったカテゴリーに分かれている場合が重要である.たとえば,ある一定の条件を設定して,実験や観察を行う場合などがある.結果に影響を与えると考えられる要因は**因子**,因子のカテゴリーは**水準**とよばれる.因子の数が 1 つの場合を**一元配置**,複数の場合を多元配置とよぶ.ここでは,一元配置分散分析について説明する.

5.2.1 一元配置のモデル

いま,要因 A の水準を $A_1, A_2, \cdots, A_s$ とし,各水準で $n_1, n_2, \cdots, n_s$ 個の観測値があったとし,水準 i における j 番目の結果を Y_{ij} とする.水準によって平均だけが異なり,分散は一定であるとし,Y_{ij} は $N(\mu_i, \sigma^2)$ に従うとする.(正確には μ_i は Y_{ij} の期待値,または水準 i における母平均であるが,ここでは一般の表記方法に従い,ただ単に平均とよぶことにする.) 観測値の総数を $n = \sum_{i=1}^{s} n_i$ とし,観測値の数で重みを付けた加重平均を

$$\mu = \sum_{i=1}^{s} \frac{n_i \mu_i}{n} \tag{5.9}$$

とする.μ は**一般平均**とよばれる.また,

$$\delta_i = \mu_i - \mu \tag{5.10}$$

を水準 A_i の**効果**とよぶ.ここで,$\sum n_i \delta_i = 0$ である.

5.2.2 分 散 分 析

次に,一元配置のモデルを分散分析によって検定する.帰無仮説は「すべての水準で平均が等しく,水準による効果がゼロである」で,

$$H_0: \mu_1 = \mu_2 = \cdots = \mu_s \quad \text{または} \quad H_0: \delta_1 = \delta_2 = \cdots = \delta_s = 0$$

である.(対立仮説は「平均が一般平均と等しくなく,効果がゼロでない水準が存在する」.)

いま,μ をすべての観測値を使った標本平均

$$\bar{Y}_{\bullet\bullet} = \sum_{i=1}^{s}\sum_{j=1}^{n_i} \frac{Y_{ij}}{n} \tag{5.11}$$

で推定し,μ_i を各水準ごとの標本平均

$$\bar{Y}_{i\bullet} = \sum_{j=1}^{n_i} \frac{Y_{ij}}{n} \tag{5.12}$$

で推定する.$\bar{Y}_{\bullet\bullet}, \bar{Y}_{i\bullet}$ からの偏差の 2 乗和を

$$S_{\mathrm{t}} = \sum_{i=1}^{s}\sum_{j=1}^{n_i}(Y_{ij}-\bar{Y}_{\bullet\bullet})^2, \qquad S_{\mathrm{e}} = \sum_{i=1}^{s}\sum_{j=1}^{n_i}(Y_{ij}-\bar{Y}_{i\bullet})^2 \tag{5.13}$$

とする.$S_{\mathrm{t}}, S_{\mathrm{e}}$ は,それぞれ総変動,級内変動とよばれ,S_{e}/σ^2 は自由度 $v_{\mathrm{e}} = n-s$ の χ^2 分布に従う.

ここで,

$$S_{\mathrm{a}} = S_{\mathrm{t}} - S_{\mathrm{e}} = \sum_{i=1}^{s} n_i(\bar{Y}_{i\bullet}-\bar{Y}_{\bullet\bullet})^2 \tag{5.14}$$

は級間変動とよばれる.帰無仮説が正しければ,すべての i に対して $\bar{Y}_{i\bullet} \approx \bar{Y}_{\bullet\bullet}$ となるはずであり,S_{a} はあまり大きな値とはならない.この場合,S_{a}/σ^2 は S_{e} と独立で,自由度 $\nu_{\mathrm{a}} = s-1$ の χ^2 分布に従う.

したがって,帰無仮説のもとでは,

$$F = \frac{S_{\mathrm{a}}/\nu_{\mathrm{a}}}{S_{\mathrm{e}}/\nu_{\mathrm{e}}} \tag{5.15}$$

は自由度 $(\nu_{\mathrm{a}}, \nu_{\mathrm{e}})$ の F 分布,$F(\nu_{\mathrm{a}}, \nu_{\mathrm{e}})$ に従う.この関係を用いて,F と有意水準 α の F 分布のパーセント点 $F_{\alpha}(\nu_{\mathrm{a}}, \nu_{\mathrm{e}})$ を比較して,$F > F_{\alpha}(\nu_{\mathrm{a}}, \nu_{\mathrm{e}})$ の場合は帰無仮説を棄却し,それ以外は採択する F 検定を行うことができる.この検定は分散分析検定とよばれている.

分散分析検定では,棄却域は常に分布の右側の領域であり,(分散比の検定の場合と異なり) 0 の近傍で帰無仮説が棄却されることはない (図 5.2).すなわち,$F=0$ の場合は,

$$S_{\mathrm{a}} = \sum_{i=1}^{s} n_i(\bar{Y}_{i\bullet}-\bar{Y}_{\bullet\bullet})^2 = 0 \Leftrightarrow \bar{Y}_{1\bullet} = \bar{Y}_{2\bullet} = \cdots = \bar{Y}_{s\bullet} = \bar{Y}_{\bullet\bullet}$$

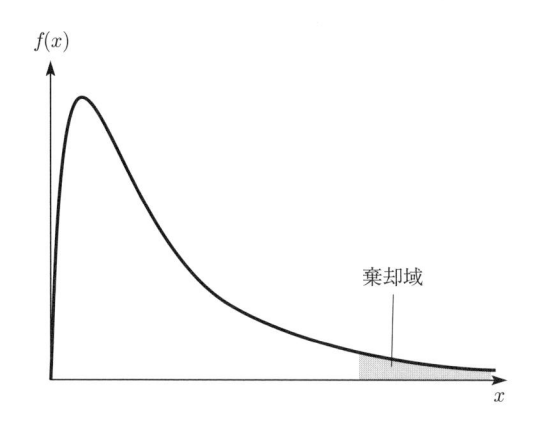

図 5.2 分散分析検定では，棄却域は常に分布の右側の領域であり，0 の近傍で帰無仮説が棄却されることはない．

であり，すべての階級において平均が等しくなり，帰無仮説が誤りと考える理由は，まったくないことになる．したがって，p 値は自由度 (ν_a, ν_e) の F 分布において F より大きくなる確率となる．

$s = 2$ の場合，前節の 2 標本検定で計算した (分散が等しいと仮定した) t は，$t^2 = F$ となり，分散分析検定の結果は両側検定の結果と一致する．分散分析検定では片側検定を行うことができないので，2 標本検定の場合は，分散分析検定でなく前節で説明した t 検定を使用する．

5.3 適合度の χ^2 検定による独立性の検定

仮定された理論上の期待度数と実際に観測された度数を比較して，両者が適合するかどうかを検定するのが，**適合度の χ^2 検定**である．分割表の結果を使い，2 つの変数が独立であるかどうかをこの方法によって検定することができる．ここでは，まず一般的な適合度の検定について説明し，ついで分割表を使った独立性の検定について述べる．

5.3.1 適合度の検定

ある属性によって n 個の観測結果が k 個のカテゴリー $A_1, A_2, \cdots, A_k$ に分類され、各カテゴリーごとの**観測度数**が $f_1, f_2, \cdots, f_k$ であるとする。各カテゴリーの理論上の確率が $p_1, p_2, \cdots, p_k$ とすると、**期待度数** $e_1, e_2, \cdots, e_k$ は、$e_i = n \cdot p_i$ $(i = 1, 2, \cdots, k)$ となる。理論が正しいとすると、観測度数と期待度数はあまり大きな差がないはずである。

いま、

$$\chi^2 = \sum \frac{(f_i - e_i)^2}{e_i} \tag{5.16}$$

とすると、理論が正しい場合に χ^2 は漸近的に χ^2 分布に従う。χ^2 分布の自由度 ν は、「理論が正しくない場合に推定する必要のあるパラメータの数」と「理論が正しい場合に推定する必要のあるパラメータの数」の差となる。「理論が正しい」という帰無仮説 (対立仮説:「理論が正しくない」) を棄却するのは、$\chi^2 > \chi^2_\alpha(\nu)$ となった場合で、それ以外は帰無仮説を採択する。(χ^2 の値が小さい場合は、理論と観測結果がよく一致していることを示すので、分散分析の場合と同様、棄却域は右側だけになる。)

問題 5.1 表 5.1 はサイコロを 60 回投げた場合の観測度数である。「サイコロが正しくつくられており、各目の出る確率が 1/6 である」という仮説を 5% の有意水準で検定せよ。

表 **5.1** サイコロを 60 回投げた場合の観測度数と期待度数 (表 4.1 参照)

サイコロの目	1	2	3	4	5	6
観測度数	11	16	11	7	8	7
期待度数	10	10	10	10	10	10

5.3.2 分割表を使った独立性の検定

分割表を使って 2 つの変数 X と Y の独立性の適合度の検定を行うことができる。分割表は X と Y のとりうる値によって 2 次元の表を作成し、各状態ごとにその度数を数え、表にしたものである。(X, Y が具体的な数値が得られる量的データ

の場合はとりうる値を適当な階級に分割する.) X のとりうる値が $A_1, A_2, \cdots, A_s$ の s 個, Y のとりうる値が $B_1, B_2, \cdots, B_t$ の t 個のカテゴリーに分割されているとする. (A_i, B_j) の度数を

$$f_{ij}, \qquad f_{i\bullet} = \sum_{j=1}^{t} f_{ij}, \qquad f_{\bullet j} = \sum_{i=1}^{s} f_{ij}$$

とする. $f_{i\bullet}, f_{\bullet j}$ は周辺度数で, それぞれ $X = A_i, Y = B_j$ となる度数を表している. ここで,

$$p_{ij} = P(X = A_i, Y = B_j),$$
$$p_{i\bullet} = P(X = A_i) = \sum_{j=1}^{t} p_{ij},$$
$$p_{\bullet j} = P(Y = B_j) = \sum_{i=1}^{s} p_{ij}$$

とする. p_{ij} は**同時確率**, $p_{i\bullet}, p_{\bullet j}$ は**周辺確率**とよばれている.

X と Y が独立で一方の結果が他の方の生起確率に影響しないとすると, 帰無仮説は,

$$H_0 : \text{すべての } i, j \text{ に対して } p_{ij} = p_{i\bullet} p_{\bullet j}$$

となる. (対立仮説は「X と Y が独立でなく何らかの関係がある」.) $p_{i\bullet}, p_{\bullet j}$ は

$$\hat{p}_{i\bullet} = f_{i\bullet}/n, \qquad \hat{p}_{\bullet j} = f_{\bullet j}/n \tag{5.17}$$

で推定する. 帰無仮説が正しい, すなわち, X と Y が独立な場合の期待度数は

$$e_{ij} = n\hat{p}_{i\bullet}\hat{p}_{\bullet j} = f_{i\bullet}f_{\bullet j}/n \tag{5.18}$$

であるから, 適合度の検定の原理を用いて

$$\chi^2 = \sum_{i=1}^{s} \sum_{j=1}^{t} (f_{ij} - e_{ij})^2 / e_{ij} \tag{5.19}$$

が得られる. 独立の場合, 推定すべきパラメータは, 周辺確率 $p_{1\bullet}, p_{2\bullet}, \cdots, p_{s\bullet}$ および $p_{\bullet 1}, p_{\bullet 2}, \cdots, p_{\bullet t}$ である. 周辺確率はおのおのの合計が 1 であり, $s+t-2$ 個のパラメータを求める必要があることになる. また, 独立でない場合は, すべての p_{ij} を求める必要があるが, この確率の合計も 1 であり, $s \cdot t - 1$ 個の未知のパラメータ

がある．したがって，χ^2 分布の自由度は $\nu = (s \cdot t - 1) - (s + t - 2) = (s-1)(t-1)$ となる．

検定は，$\chi^2 > \chi^2_\alpha[(s-1)(t-1)]$ の場合，独立であるという帰無仮説を棄却し，それ以外は採択する．

5.4 相関係数を使った検定

X と Y が量的データである場合，標本から**積率相関係数**

$$r = \frac{\sum(X_i - \bar{X})(Y_i - \bar{Y})}{\sqrt{\sum(Y_i - \bar{Y})^2}} \tag{5.20}$$

を求めることができる．

注意 5.1 一般的に相関係数としてはこの積率相関係数が用いられるので，以後ただ単に相関係数とよぶ．他の相関係数としては順位相関係数などがある． ◁

ここで，X, Y が2変量正規分布に従うとする．

いま，帰無仮説を

$$H_0 : \rho = \rho_0$$

とする．検定は $\rho_0 = 0$ かどうかによって異なる方法を用いる．$\rho_0 = 0$，すなわち，$H_0 : \rho = 0$ であるかどうかの検定の場合，帰無仮説のもとで

$$t = \frac{r\sqrt{n-2}}{\sqrt{1-r^2}} \tag{5.21}$$

は自由度 $n-2$ の t 分布に従う．この関係を使って，検定を行う．検定は t の値を計算し，$t(n-2)$ の有意水準 α に対応するパーセント点 $t_\alpha(n-2), t_{\alpha/2}(n-2)$ と比較し，

(1) 対立仮説が $H_1 : \rho \neq 0$ のときは，$|t| > t_{\alpha/2}(n-2)$ の場合 H_0 を棄却し，それ以外は採択する両側検定を行う．
(2) 対立仮説が $H_1 : \rho > 0$ のときは，$t > t_\alpha(n-2)$ の場合 H_0 を棄却し，それ以外は採択する右片側検定を行う．
(3) 対立仮説が $H_1 : \rho < 0$ のときは，$t < -t_\alpha(n-2)$ の場合 H_0 を棄却し，それ以外は採択する左片側検定を行う．

ことになる.

$\rho \neq 0$ の場合,標本相関係数 r の分布は,

$$f_n(r) = \frac{(1-\rho^2)^{(n-1)/2}(1-r^2)^{(n-4)/2}}{\Gamma\left(\frac{1}{2}\right)\Gamma\left(\frac{n-1}{2}\right)\Gamma\left(\frac{n-2}{2}\right)} \sum_{i=0}^{\infty} \frac{(2\rho r)^i}{i!}\left[\Gamma\left(\frac{n-1+i}{2}\right)\right]^2 \quad (5.22)$$

で与えられるが,これを使って相関係数に関する検定を行うことは難しいので,一般には **Fisher** (フィッシャー) の z **変換**という近似法が用いられる.

$$z = \frac{1}{2}\log\left(\frac{1+r}{1-r}\right), \qquad \eta = \frac{1}{2}\log\left(\frac{1+\rho}{1-\rho}\right) \quad (5.23)$$

とすると,$Z = \sqrt{n-3}(z-\eta)$ は近似的に標準正規分布 $N(0,1)$ に従う.$n-3$ とするのは近似をよくするためである.この関係を使って検定を行う.すなわち,ρ に ρ_0 を代入し,Z の値を計算し,標準正規分布の有意水準 α に対応するパーセント点 Z_α, $Z_{\alpha/2}$ と比較して検定を行う.

5.5　Wilcoxson の検定

5.1 節では,母集団が正規分布に従うとして (2 つの母集団の分布が同一であるかどうかの) **2 標本検定**を行った.しかしながら,母集団が正規分布に従わない場合,これらの検定は正しい結果を与えず,しばしば,非常におかしな結果を与えることが知られている.特に Cauchy 分布のように分布の裾が広い場合,中心極限定理が成り立たないため,漸近的にも 5.1 節の結果を使うことができない.当然,実際のデータ分析では母集団が正規分布と異なる場合が数多く生じる.このような場合,分布の特性に依存しない**ノンパラメトリック検定**とよばれる検定方法が使われる.ここでは,ノンパラメトリック検定のうち代表的なものとして **Wilcoxson** (ウィルコクスン) の**順位和検定**と,得られる 2 組のデータに対応関係がある場合の **Wilcoxson の符号付順位検定**について説明する.

5.5.1　Wilcoxson の順位和検定

2 つの連続型の分布に従う母集団があり,第 1 の母集団から $X_1, X_2, \cdots, X_{n_1}$ を,第 2 の母集団から $Y_1, Y_2, \cdots, Y_{n_2}$ を標本として抽出したとする.2 つのうち

どちらを第1の母集団とするかは自由なので，一般性を失うことなく $n_1 \leq n_2$ とすることができる．2つの母集団は分布の位置以外の分布形は同一であるとする．すなわち，$f(x)$ を第1の母集団の分布とすると第2の母集団の分布は $f(x-a)$ で表されるとする．検定したいのは2つの母集団の分布が同一かどうかであるが，母集団の分布が未知で正規分布と大きく異なっている可能性があるとする．帰無仮説は，

$$H_0 : a = 0 \quad \text{(両者の分布が同一である)}$$

である．対立仮説は，両側検定の場合，

$$H_1 : a \neq 0 \quad \text{(両者の分布の位置が異なる)}$$

片側検定の場合，

$$H_1 : a > 0 \quad \text{(第2の母集団の分布が右側にずれている)}$$

または，

$$H_1 : a < 0 \quad \text{(第2の母集団の分布が左側にずれている)}$$

となる．

Wilcoxson の順位和検定は $X_1, X_2, \cdots, X_{n_1}$ と $Y_1, Y_2, \cdots, Y_{n_2}$ の順位に注目した検定方法である．いま，帰無仮説が正しく，2つの母集団の分布が同一であるとする．この場合，$X_1, X_2, \cdots, X_{n_1}; Y_1, Y_2, \cdots, Y_{n_2}$ は同一の分布に従う $n = n_1 + n_2$ 個の互いに独立な確率変数となる．これらを小さい順に並べ換えた順位 (1 番目から n 番目) を考えてみよう．これら n 個の確率変数は $[f(x)$ によらずに$]$ 1 番目から n 番目までの順位を等しい確率 $(= 1/n)$ でとることになる．$X_1, X_2, \cdots, X_{n_1}$ の順位を $p_1, p_2, \cdots, p_{n_1}$, $Y_1, Y_2, \cdots, Y_{n_2}$ の順位を $q_1, q_2, \cdots, q_{n_2}$ とする．(連続型の分布の場合，2つ以上の変数の値が等しく同順位となる確率は0で無視できる．)

$X_1, X_2, \cdots, X_{n_1}$ の順位の和

$$W_1 = \sum_{i=1}^{n_1} p_i \tag{5.24}$$

を考える．順位の和なので，W_1 は整数値をとり，

$$\frac{n_1(n_1+1)}{2} \leq W_1 \leq \frac{n(n+1)}{2} - \frac{n_2(n_2+1)}{2} \tag{5.25}$$

である.各確率変数は1番目からn番目までの順位を等確率でとるので,組合せ数の計算から

$$W_1 = r, \quad \frac{n_1(n_1+1)}{2} \leq r \leq \frac{n(n+1)}{2} - \frac{n_2(n_2+1)}{2}$$

となる確率は,

$$(W_1 = r \text{ となるの組合せ数})/{}_nC_{n_1} \tag{5.26}$$

となる.

$n_1 = 2, n_2 = 3$ とすると,W_1 のとりうる値は3から9までである.${}_5C_2 = 10$ であるので,$W_1 = r$ となる $p_1, p_2, \cdots, p_{n_1}$ の数,およびその確率は表 5.2 のようになる.

このように組合せ数を数え上げることにより,任意の n_1, n_2 に対して帰無仮説のもとでの (2つの母集団が等しい場合の) $W_1 = r$ となる確率 $P(W_1 = r)$ を計算することができる.さらに,$P(W_1 = r)$ を足し合わせることによって $P(W_1 \leq r)$ および $P(W_1 \geq r)$ を計算することができる.これから,$0 \leq \alpha \leq 1$ に対して

$$\left.\begin{array}{l} \underline{w}_\alpha = P(W_1 \leq r) \leq \alpha, \quad P(W_1 \leq r+1) > \alpha \text{ となる } r \\ \overline{w}_\alpha = P(W_1 \geq r) \leq \alpha, \quad P(W_1 \geq r-1) > \alpha \text{ となる } r \end{array}\right\} \tag{5.27}$$

を求めることができ,検定を行うことができる.表 5.3 は $\alpha = 0.5\%, 1\%, 2.5\%, 5\%$ の場合のパーセント点 $\underline{w}_\alpha, \overline{w}_\alpha$ の値 ($5 \leq n_1, n_2 \leq 10$) を与えている.

なお,W_1 は整数値のみをとる離散型の変数であるため,t 検定などと異なり,特別な α の値を除き一般には,$P(W_1 \leq r) = \alpha, P(W_1 \geq r) = \alpha$ などとなる r は存在しないことに注意する必要がある.

検定ではまず,有意水準 α を決定する.次に

表 5.2　$W_1 = r$ となる $p_1, p_2, \cdots, p_{n_1}$ の組合せ数およびその確率

r	$W_1 = r$ となる $p_1, p_2, \cdots, p_{n_1}$ の組合せ	組合せ数	確率
3	(1,2)	1	0.1
4	(1,3)	1	0.1
5	(1,4), (2,3)	2	0.2
6	(1,5), (2,4)	2	0.2
7	(2,5), (3,4)	2	0.2
8	(3,5)	1	0.1
9	(4,5)	1	0.1

表 5.3　Wilcoxson の順位和検定のパーセント点[2]

n_1	n_2	0.5%		1%		2.5%		5%	
		$\underline{w}_\alpha$	$\overline{w}_\alpha$	$\underline{w}_\alpha$	$\overline{w}_\alpha$	$\underline{w}_\alpha$	$\overline{w}_\alpha$	$\underline{w}_\alpha$	$\overline{w}_\alpha$
5	5	15	40	16	39	17	38	19	36
5	6	16	44	17	43	18	42	20	40
5	7	16	48	18	47	20	45	21	44
5	8	17	53	19	51	21	49	23	47
5	9	18	57	20	55	22	53	24	51
5	10	19	61	21	59	23	57	26	54
6	6	23	55	24	54	26	52	28	50
6	7	24	60	25	59	27	57	29	55
6	8	25	65	27	63	29	61	31	59
6	9	26	70	28	68	31	66	33	63
6	10	27	75	29	73	32	70	35	67
7	7	32	73	34	71	36	69	39	66
7	8	34	78	36	77	38	74	41	71
7	9	35	84	37	82	40	79	43	76
7	10	36	89	39	87	42	84	45	81
8	8	44	93	46	91	49	87	51	85
8	9	45	99	47	97	51	93	54	90
8	10	47	105	49	103	53	99	56	96
9	9	56	115	59	112	62	109	66	105
9	10	59	122	61	119	65	115	69	111
10	10	71	139	74	136	78	132	82	128

(1) 対立仮説が，$H_1 : a \neq 0$ の場合，$W_1 \leq \underline{w}_{\alpha/2}$ または $W_1 \geq \overline{w}_{\alpha/2}$ の場合，帰無仮説を棄却し，それ以外は棄却しない．

(2) 片側検定で，$H_1 : a > 0$ の場合，$W_1 \leq \underline{w}_\alpha$ の場合，帰無仮説を棄却し，それ以外は棄却しない．

(3) $H_1 : a < 0$ の場合，$W_1 \geq \overline{w}_\alpha$ の場合，帰無仮説を棄却し，それ以外は棄却しない．

という検定を行う．

なお，同一の値があり同順位となるデータがある場合は，一般にその順位の平均 (中間順位) をとる操作を行う．たとえば，$X_1 = X_2 = 2.5, Y_1 = 1, Y_2 = 3, Y_3 = 5$ の場合は，X_1, X_2 の順位を $(2+3)/2 = 2.5$ とする．(連続型の分布の場合はこのような確率は 0 であるが，データを比較的短い桁数までしか表さない場合などに

このようなことが起こる．なお，表 5.3 は連続型の分布に対してのものであり，離散型の分布では使うことができないので，注意が必要である．) n_1, n_2 の値が大きい場合，帰無仮説のもとでの分布は平均 $n_1(n+1)/2$，分散 $n_1 n_2(n+1)/2$ の正規分布で近似できるので，n_1, n_2 が大きく表 5.3 にない場合はこの関係を使って検定を行うことができる．

5.5.2　Wilcoxson の符号付順位検定

前節では，2つの母集団の同一性の検定について考えたが，得られる2組のデータに対応関係がある場合がある．たとえば，ある治療方法の効果などについて考える際に，対象者 i の治療を行う前のデータ X_i と治療を行った後のデータ Y_i を比較して治療効果をしらべる，などの場合である．このように対応のあるデータを比較する場合，通常は母集団が正規分布に従うと仮定して $X_i - Y_i$ を使って検定を行う．(この場合は2つの母集団の分散が異なってもよい．) しかしながら，このケースでも母集団が正規分布に従わない場合 (特に分布の裾が広い場合) この検定は正しい結果を与えず，しばしば，非常におかしな結果になることが知られている．このような場合，ノンパラメトリック検定が使われる．本節では Wilcoxson の符号付順位検定について説明する．

2つの連続型の分布に従う母集団があり，同一対象者の治療前と治療後のデータのように，2つの母集団から対応のある標本 $(X_1, Y_1), (X_2, Y_2), \cdots, (X_n, Y_n)$ を抽出したとする．これまでと同様，2つの母集団は分布の位置以外の分布形は同一，すなわち，$f(x)$ を第1の母集団の分布とすると第2の母集団の分布は $f(x-a)$ で表されるとする．検定したいのは2つの母集団の分布が同一かどうかである．しかしながら，母集団の分布が未知で正規分布と大きく異なっている可能性があるとする．帰無仮説は，

$$H_0 : a = 0 \quad \text{(両者の分布が同一である)}$$

である．対立仮説は，両側検定の場合，

$$H_1 : a \neq 0 \quad \text{(両者の分布の位置が異なる)}$$

片側検定の場合，

$$H_1 : a > 0 \quad \text{(第2の母集団の分布が右側にずれている)}$$

または，

$$H_1 : a < 0 \quad (第2の母集団の分布が左側にずれている)$$

である．

Wilcoxson の符号付順位検定は，$|X_i - Y_i|$ の順位に注目したもので，次のように行われる．

(1) $i = 1, 2, \cdots, n$ に対して $|X_i - Y_i|$ を計算し，$|X_i - Y_i|$ を小さい順に並べた順位 p_i を求める．
(2) $X_i - Y_i > 0$ である i について順位の和を求め，それを W_2 とする．

帰無仮説のもとでは，2つの母集団の分布は同一であり，順位和検定の場合と同様，$W_2 = r$ となる確率は組合せ数の数え上げから求めることができる．$0 \leq \alpha \leq 1$ に対して

$$\left. \begin{array}{l} \underline{v}_\alpha = P(W_2 \leq r) \leq \alpha, \quad P(W_2 \leq r+1) > \alpha\ \text{となる}\ r \\ \overline{v}_\alpha = P(W_2 \geq r) \leq \alpha, \quad P(W_2 \geq r-1) > \alpha\ \text{となる}\ r \end{array} \right\} \quad (5.28)$$

を求めることができる．表 5.4 は $\alpha = 0.5\%, 1\%, 2.5\%, 5\%$ の場合のパーセント点 $\underline{v}_\alpha, \overline{v}_\alpha$ の値 ($n \leq 20$) を与えている．(W_2 は整数値のみをとる離散型の変数であるため，特別な α の値を除き $P(W_2 \leq r) = \alpha, P(W_2 \geq r) = \alpha$ などとなる r は存在しない．)

検定では，

(1) 対立仮説が，$H_1 : a \neq 0$ の場合，$W_2 \leq \underline{v}_{\alpha/2}$ または $W_2 \geq \overline{v}_{\alpha/2}$ の場合，帰無仮説を棄却し，それ以外は棄却しない．
(2) 片側検定で，$H_1 : a > 0$ の場合，$W_2 \leq \underline{v}_\alpha$ の場合，帰無仮説を棄却し，それ以外は棄却しない．
(3) $H_1 : a < 0$ の場合，$W_2 \geq \overline{v}_\alpha$ の場合，帰無仮説を棄却し，それ以外は棄却しない．

とする．

$X_i = Y_i$ となる i がある場合は，それらを除いた標本について検定を行う．また，$|X_i - Y_i|$ に同一の値があり同順位となるデータがある場合は，中間順位をとる操作を行う．

表 5.4　Wilcoxson 符号付順位検定のパーセント点

n	0.5%		1%		2.5%		5%	
	$\underline{v}_\alpha$	$\overline{v}_\alpha$	$\underline{v}_\alpha$	$\overline{v}_\alpha$	$\underline{v}_\alpha$	$\overline{v}_\alpha$	$\underline{v}_\alpha$	$\overline{v}_\alpha$
5	—	—	—	—	—	—	0	15
6	—	—	—	—	0	21	2	19
7	—	—	0	28	2	26	3	25
8	0	36	1	35	3	33	5	31
9	1	44	3	42	5	40	8	37
10	3	52	5	50	8	47	10	45
11	5	61	7	59	10	56	13	53
12	7	71	9	69	13	65	17	61
13	9	82	12	79	17	74	21	70
14	12	92	15	89	21	84	25	80
15	16	105	19	101	25	95	30	90
16	19	117	23	113	30	107	35	101
17	23	130	28	126	35	119	41	112
18	27	143	32	138	40	131	47	124
19	32	158	38	153	46	144	53	137
20	37	173	43	167	52	158	60	150

(注) —はすべての値で帰無仮説を棄却できないことを示している.

なお, n が大きい場合 W_2 の分布は帰無仮説のもとで, 平均 $n(n+1)/4$, 分散 $n(n+1)(2n+1)/24$ の正規分布で近似できる. n の値が表 5.4 の値より大きい場合は, この近似は良い精度で成り立つので, これを使って検定を行う.

5.6　検定の例

5.6.1　2つの母集団の同一性の検定

表 5.5 は, 1966 年から 2010 年までの東京の年間降水量の推移である. 期間を 1991〜2010 年まで (期間 1) と 1966〜1990 年まで (期間 2) に分けて, 2 つの期間で降雨量に差があったかどうかの検定を行う. (以後の問題との関係上, 期間はこのように分けるものとする.)

表 5.6 は各期間ごとのデータの概要である. ここで,

$$H_0: \mu_1 = \mu_2, \qquad H_1: \mu_1 \neq \mu_2$$

表 5.5　東京の降水量の推移

期間 1		期間 2	
年	降水量 (mm)	年	降水量 (mm)
1991	2042.0	1966	1643.5
1992	1619.5	1967	1023.3
1993	1872.5	1968	1491.0
1994	1131.5	1969	1343.0
1995	1220.0	1970	1122.0
1996	1333.5	1971	1438.5
1997	1302.0	1972	1627.5
1998	1546.5	1973	1149.5
1999	1622.0	1974	1580.5
2000	1603.0	1975	1540.5
2001	1491.0	1976	1557.5
2002	1294.5	1977	1454.0
2003	1854.0	1978	1030.0
2004	1750.0	1979	1453.5
2005	1482.0	1980	1577.5
2006	1740.0	1981	1463.5
2007	1332.0	1982	1575.5
2008	1857.5	1983	1340.5
2009	1801.5	1984	879.5
2010	1679.5	1985	1516.5
		1986	1458.0
		1987	1089.0
		1988	1515.5
		1989	1937.5
		1990	1512.5

(出典) 表 4.2 に同じ.

表 5.6　期間ごとのデータの概要

	期間 1 (1991〜2010)	期間 2 (1966〜1990)
平均	1578.7	1412.8
分散	6.3096×10^4	5.7961×10^4
標準偏差	251.2	240.8
観測数	20	25

として検定を行う．まず，2つの期間で母分散が等しいとすると，

$$s^2 = \frac{\sum_{i=1}^{m}(X_i - \bar{X})^2 + \sum_{j=1}^{n}(Y_i - \bar{Y})^2}{m+n-2} = 6.0230 \times 10^4 \quad (5.29a)$$

$$t = \frac{\bar{X} - \bar{Y}}{s\sqrt{(1/m) + (1/n)}} = 2.2537 \quad (5.29b)$$

となる．有意水準 α を 5% とすると，自由度 $m+n-2 = 43$, $t_{\alpha/2}(m+n-2) = 2.016$ で，$t_{\alpha/2}(m+n-2) < |t|$ となり，帰無仮説は棄却され 2 つの期間では降水量に差が認められることになる．

次に，2 つの期間で母分散が異なるとして検定を行う．(対立仮説，有意水準は同一とする．) この場合，

$$t = \frac{\bar{X} - \bar{Y}}{\sqrt{s_1^2/m + s_2^2/n}} = 2.2429 \quad (5.30a)$$

$$v = \frac{(s_1^2/m + s_2^2/n)^2}{(s_1^2/m)^2/(m-1) + (s_2^2/n)^2/(n-1)} = 40.060 \quad (5.30b)$$

であり，自由度は $v^* = 40$ で，$t_{\alpha/2}(v^*) = 2.0211 < |t|$ で帰無仮説は棄却される．

最後に，分散に関する検定を

$$H_0 : \sigma_1^2 = \sigma_2^2, \qquad H_1 : \sigma_1^2 \neq \sigma_2^2$$

として行う．この場合，

$$F = s_1^2/s_2^2 = 1.0886 \quad (5.31)$$

で，$F_{1-\alpha/2}(m-1, n-1) = 0.4078 < F < F_{\alpha/2}(m-1, n-1) = 2.3452$ となり，帰無仮説は棄却されない (採択される)．

問題 5.2 表 5.7 は大阪における降水量の推移である．5.5 節と同様に，期間 1 を 1991〜2010 年，期間 2 を 1965〜1990 年，期間 3 を 1945〜1965 年とする．期間 1 と期間 2 のデータを使って，2 つの期間の同一性の検定を行え．

5.6.2 一元配置分散分析

次に，一元配置分散分析を用いて，期間の降水量への影響を分析する．これまでのデータに 1945〜1965 年のデータを期間 3 (表 5.8) として加える．この期間の

表 5.7　大阪における降水量の推移

期間 1 (1991〜2010)		期間 2 (1966〜1990)		期間 3 (1945〜1965)	
年	降水量 (mm)	年	降水量 (mm)	年	降水量 (mm)
1991	1433.0	1966	1532.8	1945	1318.8
1992	1220.5	1967	1421.0	1946	1327.2
1993	1635.0	1968	1350.0	1947	818.5
1994	744.0	1969	1185.0	1948	1167.6
1995	1379.0	1970	1292.0	1949	1402.8
1996	1281.5	1971	1133.5	1950	1479.1
1997	1337.5	1972	1520.0	1951	1468.8
1998	1605.0	1973	1098.0	1952	1735.2
1999	1365.5	1974	1473.0	1953	1475.9
2000	1163.5	1975	1398.5	1954	1690.0
2001	1041.5	1976	1500.0	1955	1271.4
2002	954.0	1977	1061.5	1956	1452.7
2003	1528.5	1978	884.0	1957	1685.5
2004	1594.5	1979	1430.0	1958	1390.0
2005	909.0	1980	1702.0	1959	1750.9
2006	1399.5	1981	1094.0	1960	1349.1
2007	962.5	1982	1241.5	1961	1467.2
2008	1262.5	1983	1242.0	1962	1224.8
2009	1165.0	1984	1059.5	1963	1412.4
2010	1568.0	1985	1276.5	1964	1035.1
		1986	1203.5	1965	1596.5
		1987	949.5		
		1988	1300.0		
		1989	1712.5		
		1990	1740.0		

(出典) 表 4.2 に同じ.

降水量は，平均 1531.1，分散 5.8655×10^4，観測値数は 21 であるから，総変動 S_t，級内変動 S_e，級間変動 S_a は，

$$S_\mathrm{t} = \sum_{i=1}^{s}\sum_{j=1}^{n_i}(Y_{ij}-\bar{Y}_{\bullet\bullet})^2 = 4.0974 \times 10^6 \tag{5.32a}$$

$$S_\mathrm{e} = \sum_{i=1}^{s}\sum_{j=1}^{n_i}(Y_{ij}-\bar{Y}_{i\bullet})^2 = 3.7630 \times 10^6 \tag{5.32b}$$

表 5.8 期間 3 (1945〜1965 年) における東京の降水量のデータ

年	降水量 (mm)	年	降水量 (mm)
1945	1615.9	1956	1657.3
1946	1236.3	1957	1500.0
1947	1037.8	1958	1804.9
1948	1757.4	1959	1626.3
1949	1782.1	1960	1281.9
1950	1951.7	1961	1260.2
1951	1589.8	1962	1256.0
1952	1640.6	1963	1575.0
1953	1519.4	1964	1140.2
1954	1770.7	1965	1596.0
1955	1553.9		

(出典) 表 4.2 に同じ.

$$S_{\mathrm{a}} = S_{\mathrm{t}} - S_{\mathrm{e}} = \sum_{i=1}^{s} n_i (\bar{Y}_{i\bullet} - \bar{Y}_{\bullet\bullet})^2 = 3.3438 \times 10^5 \tag{5.32c}$$

となる.また,$\nu_{\mathrm{a}} = 2, \nu_{\mathrm{e}} = 63$ であるから,

$$F = \frac{S_{\mathrm{a}}/\nu_{\mathrm{a}}}{S_{\mathrm{e}}/\nu_{\mathrm{e}}} = 2.7991 \tag{5.33}$$

となる.有意水準 α を 5% とすると,$F < F_\alpha(\nu_{\mathrm{a}}, \nu_{\mathrm{e}}) = 3.1428$ であり,帰無仮説は採択され,降水量に関する観測時期の影響は認められないことになる.

5.6.3 分割表を使った独立性の検定

表 5.9 は表 5.5, 5.8 のデータを分割表にまとめたものである.(降水量は,1400 mm 未満,1400〜1600 mm,1600 mm 以上の 3 つに分けている.)

これから,検定統計量を求めると

$$\chi^2 = \sum_{i=1}^{s} \sum_{j=1}^{t} \frac{(f_{ij} - e_{ij})^2}{e_{ij}} = 11.5706 \tag{5.34}$$

となる.自由度は $\nu = (s-1)(t-1) = 4$ であるから,有意水準 α を 5% とすると $\chi^2 > \chi^2[(s-1)(t-1)] = 9.4877$ で帰無仮説は棄却され,降水量に対する期間の影響が認められることになる.

表 5.9 東京における期間と年間降水量の分割表

期間	降水量			小計
	1400 未満	1400〜1600 mm	1600 以上	
期間 1 (1991〜2010)	6	3	11	20
期間 2 (1966〜1990)	8	14	3	25
期間 3 (1945〜1965)	6	6	9	21
合 計	20	23	23	66

5.6.4 相関係数を使った検定

1945〜2010 年のデータを使い，X を年，Y を降水量として相関係数を計算し，

$$H_0 : \rho = 0, \qquad H_1 : \rho \neq 0$$

の検定を行う．ここで，

$$r = \frac{\sum (X_i - \bar{X})(Y_i - \bar{Y})}{\sum (X_i - \bar{X})^2} = 0.0788 \tag{5.35}$$

であるから，

$$t = \frac{r\sqrt{n-2}}{\sqrt{1-r^2}} = 0.6326 \tag{5.36}$$

となる．自由度 $n-2 = 64$ であるから，有意水準 α を 5% とすると $|t| < t_\alpha(n-2) = 1.9977$ となり，帰無仮説は採択され，両者の間に関係は認められないことになる．

次に，(演習のため) Fisher の z 変換を使って検定を行う．(仮説，有意水準は同一とする.)

$$z = \frac{1}{2} \log\left(\frac{1+r}{1-r}\right) = 0.0790, \qquad \eta = \frac{1}{2} \log\left(\frac{1+\rho}{1-\rho}\right) = 0 \tag{5.37}$$

であるから，

$$Z = \sqrt{n-3}(z - \eta) = 0.6270 \tag{5.38}$$

となる．$|Z| < Z_{\alpha/2} = 1.9600$ であるから，帰無仮説は採択される．

問題 5.3 表 5.7 のデータを使い，

(a) 一元配置分散分析によって，3 つ期間の同一性の検定を行え．
(b) 分割表作成し，独立性の検定を行え．
(c) 1945〜2010 年のデータを使い相関係数を求め，相関係数関係があるかどうかの検定を行え．

5.6.5 Wilcoxson の検定

a. Wilcoxson の順位和検定

表 5.5 のデータを使って，Wilcoxson の順位和検定を行う．(この検定には，巻末にあげた参考文献 [43] のプログラムを使って行っている．) 順位和はタイがあるため，

$$W_1 = \sum_{i=1}^{n_1} p_i = 548.5 \tag{5.39}$$

となる．ここで，$\alpha = 2.5\%$ すると，$n_1 = 20, n_2 = 25$ であるから，

$\underline{w}_\alpha = 374$ (シミュレーション)，　374.19 (正規分布にもとづく近似値) 　(5.40a)

$\overline{w}_\alpha = 546$ (シミュレーション)，　545.81 (正規分布にもとづく近似値) 　(5.40b)

となる．(シミュレーションは 10 万回の繰り返しから計算したものであるが，シミュレーションによる値と正規分布にもとづく近似による値は非常に近い値となっている．n_1, n_2 の値が大きくなると，正規分布にもとづく近似は非常に良く成り立ち，通常，これから求めたパーセント点で十分であることがわかる．) $W_1 > \overline{w}_\alpha$ であり，有意水準を 5% とした場合，帰無仮説は棄却され，分布に差があると認められることになる．

b. Wilcoxson の符号付順位検定

次に，演習のため，1991〜2010 年と 1971〜1990 年の分布の違いに関する Wilcoxson の符号付順位検定を行う．(20 年前のデータが対応しているとする．) この場合，$\alpha = 5\%$ とすると，$n = 20$ であるから

$$W_2 = 146, \qquad \underline{v}_\alpha = 52, \qquad \overline{v}_\alpha = 158 \tag{5.41}$$

となり，有意水準を 5% とした場合，帰無仮説は採択され，分布に差があるとは認められないことになる．

問題 5.4 表 5.7 のデータを使い，

(a) 期間 1 と期間 2 のデータを使って，Wilcoxson の順位和検定を行え．
(b) 1991〜2010 年と 1971〜1990 年の分布のデータを使い，Wilcoxson の符号付順位検定を行え．(20 年前のデータが対応しているとする．)

6 回帰分析

回帰分析は，統計学のなかで最も重要な手法の1つであり，変数 Y を他の変数 X で定量的に説明することを目的としている．**回帰**という名前は，19世紀後期のイギリスの遺伝学者である Francis Galton (ガルトン，1822〜1911) が行った研究に由来している．ガルトンは父親と息子の身長を比較し，平均への傾向があること，すなわち，非常に身長の高い父親や低い父親の息子の身長はより平均的なものとなっていることを発見し，これを「息子の身長が平均へ**回帰**している」と呼んだ．現在では，2つもしくはそれ以上の変数間の定量的な関係の分析へと一般化されて使われている．ここでは，まず，単回帰分析について述べ，次いで，重回帰分析について説明する．最後に，回帰分析の例を紹介する．

6.1 単回帰分析

回帰分析は，変数 Y を他の変数 X で定量的に説明する**回帰方程式**とよばれる式を求めることを目的としている．説明される変数 Y は**従属変数**，**被説明変数**，**内生変数**などと，説明する変数 X は**独立変数**，**説明変数**，**外生変数**などとよばれている．ここでは，説明変数がただ1つのモデル (この場合を単回帰分析，**単純回帰分析**とよぶ) を使って回帰分析の基礎を説明する．なお，標準回帰モデルでは，因果関係は既知であり，X が原因となる変数，Y が結果となる変数であるとする．

6.1.1 線形回帰モデル

Y を X によって系統的に変化する部分と，それ以外のばらつきの部分に分けて分析することが考えられる．X によって系統的に変化する部分は，**回帰方程式**や**回帰関数**とよばれる．ここでは，この関数が線形関数である**線形回帰**のみを考える．なお，もとの回帰関数が非線形であっても，対数をとるなどの関数変換によって線形モデルに変更可能な場合や，あるいは Taylor 展開などによって近似可能な場合も数多くあり，線形モデルは応用範囲が非常に広く，統計モデルの中心

的なモデルとなっている．

ここで，i 番目の観測値を (X_i, Y_i)，ばらつきの部分を u_i とすると

$$Y_i = \beta_1 + \beta_2 X_i + u_i \quad (i = 1, 2, \cdots, n) \tag{6.1}$$

となる．このモデルは，母集団において成り立つ関係であり，**母回帰方程式**とよばれている．β_1, β_2 は**母 (偏) 回帰係数**とよばれる未知のパラメータである．u_i は**誤差項**とよばれる．標準回帰モデルでは，X_i, u_i は次の 4 つの仮定を満たすものとする．

仮定 6.1 X_i は確率変数でなく，すでに確定した値をとる．

仮定 6.2 u_i は確率変数で期待値が 0．すなわち，$E(u_i) = 0$ $(i = 1, 2, \cdots, n)$．

仮定 6.3 異なった誤差項は無相関．すなわち，$i \neq j$ であれば，$\mathrm{cov}(u_i, u_j) = E(u_i u_j) = 0$．

仮定 6.4 誤差項の分散が一定で σ^2．すなわち，$V(u_i) = E(u_i{}^2) = \sigma^2$ $(i = 1, 2, \cdots, n)$．これを**分散均一性**とよぶ．

この条件のもとでは，Y_i の期待値は，

$$E(Y_i) = \beta_1 + \beta_2 X_i \tag{6.2}$$

となる．

6.1.2 最小二乗法による推定

β_1, β_2 は未知のパラメータであり，得られたデータ $(X_1 Y_1), (X_2, Y_2), \cdots, (X_n, Y_n)$ から推定する必要がある．いま，Y_i のうち X_i で説明できない部分は，$u_i = Y_i - (\beta_1 + \beta_2 X_i)$ であるが (図 6.1)，符号の影響を取り除くため 2 乗し，その総和

$$S = \sum u_i{}^2 = \sum [Y_i - (\beta_1 + \beta_2 X_i)]^2 \tag{6.3}$$

を考える．S は説明できない部分の大きさを表しており，できるだけ小さい方が望ましいと考えられる．

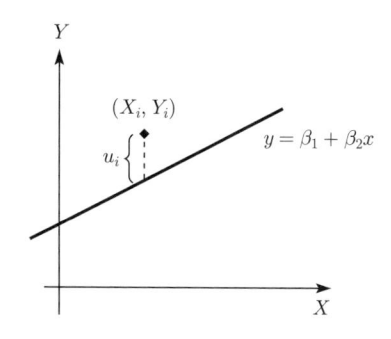

図 **6.1** Y_i のうちで X_i で説明できない部分を考える.

S を最小にして β_1, β_2 の推定量を求める方法を**最小二乗法**, $\hat{\beta}_1, \hat{\beta}_2$ を**最小二乗推定量**とよぶ.

$\hat{\beta}_1, \hat{\beta}_2$ は S を偏微分して 0 とおいた

$$\frac{\partial S}{\partial \beta_1} = -2 \sum (Y_i - \beta_1 - \beta_2 X_i) = 0 \tag{6.4a}$$

$$\frac{\partial S}{\partial \beta_2} = -2 \sum X_i (Y_i - \beta_1 - \beta_2 X_i) = 0 \tag{6.4b}$$

から求めることができるが,これを解くと

$$\hat{\beta}_2 = \frac{\sum (X_i - \bar{X})(Y_i - \bar{Y})}{\sum (X_i - \bar{X})^2}, \qquad \hat{\beta}_1 = \bar{Y} - \hat{\beta}_2 \bar{X} \tag{6.5}$$

となる.$\bar{X}, \bar{Y}$ は X と Y の標本平均である.$\hat{\beta}_1, \hat{\beta}_2$ は,**標本 (偏) 回帰係数**,$y = \hat{\beta}_1 + \hat{\beta}_2 x$ は,**標本回帰方程式**または**標本回帰直線**とよばれる.

また,$E(Y_i)$ の標本回帰方程式による推定量 (**回帰値**や**当てはめ値**とよばれる) を

$$\hat{Y}_i = \hat{\beta}_1 + \hat{\beta}_2 X_i \tag{6.6}$$

とすると,

$$e_i = Y_i - \hat{Y}_i \tag{6.7}$$

は,X_i で説明されずに残った部分であるが,これは**回帰残差**とよばれる.e_i は誤差項 u_i の推定量であるが,常に

$$\sum e_i = 0, \qquad \sum e_i X_i = 0 \tag{6.8}$$

を満足する．(最初の式が $\partial S/\partial \beta_1 = 0$，次の式が $\partial S/\partial \beta_2 = 0$ に対応している．)

u_i の分散は，e_i から

$$s^2 = \frac{\sum e_i^2}{n-2} \tag{6.9}$$

で推定する．$(n-2)$ で割るのは，e_i に式 (6.8) で与えられる 2 つの制約式があり，その自由度が 2 失われてしまうためである．推定量に実際に得られたデータの値を代入して得られた数値を，**推定値**とよぶ．

6.1.3　最小二乗推定量の性質と分散

ここで，

$$\begin{aligned}
\hat{\beta}_2 &= \frac{\sum(X_i - \bar{X})(Y_i - \bar{Y})}{\sum(X_i - \bar{X})^2} = \frac{\sum(X_i - \bar{X})Y_i}{\sum(X_i - \bar{X})^2} = \frac{\sum(X_i - \bar{X})(\beta_1 + \beta_2 X_i + u_i)}{\sum(X_i - \bar{X})^2} \\
&= \frac{\sum(X_i - \bar{X})X_i}{\sum(X_i - \bar{X})^2}\beta_2 + \frac{\sum(X_i - \bar{X})u_i}{\sum(X_i - \bar{X})^2} \\
&= \beta_2 + \frac{\sum(X_i - \bar{X})u_i}{\sum(X_i - \bar{X})^2}
\end{aligned} \tag{6.10}$$

であるから，$\hat{\beta}_2$ は，

$$E(\hat{\beta}_2) = \beta_2 \tag{6.11}$$

で不偏推定量となる．さらに，$E(u_i u_j)$ は 0 $(i \neq j)$ または σ^2 $(i = j)$ であるから，分散は，

$$V(\hat{\beta}_2) = \frac{\sigma^2}{\sum(X_i - \bar{X})^2} \tag{6.12}$$

となる．同様に，$\hat{\beta}_1$ についても

$$E(\hat{\beta}_1) = \beta_1, \qquad V(\hat{\beta}_1) = \frac{\sigma^2 \sum X_i^2}{n \sum(X_i - \bar{X})^2} \tag{6.13}$$

である．$[s^2$ も $E(s^2) = \sigma^2$ で σ^2 の不偏推定量である．$]$ 実際には，σ^2 は未知であり，これを s^2 で置き換えて推定する．また，$\hat{\beta}_1$ と $\hat{\beta}_2$ の共分散は，

$$\operatorname{cov}(\hat{\beta}_1, \hat{\beta}_2) = \bar{X} \cdot V(\hat{\beta}_2) \tag{6.14}$$

となる．

$\hat{\beta}_1, \hat{\beta}_2$ は，**Gauss–Markov** (ガウス–マルコフ) **の定理**によって線形不偏推定量のなかで最も分散の小さい推定量，**最良線形不偏推定量** (BLUE) である．特に，

u_i が互いに独立で正規分布に従うことが仮定された場合は，**Cramér–Rao** (クラメル–ラオ) **の不等式**から，不偏推定量のなかで分散が最も小さくなる**最良不偏推定量** (BUE) となる．

問題 6.1 式 (6.1) の単回帰モデルにおいて，

$$E(\hat{\beta})_1 = \beta_1, \qquad V(\hat{\beta}_1) = \frac{\sigma^2 \sum X_i{}^2}{n \sum (X_i - \bar{X})^2}$$

となることを示せ．

6.1.4　当てはまりの良さと決定係数 R^2

回帰方程式がどの程度よく当てはまっているか，すなわち，X が Y をどの程度よく説明しているかは，モデルの妥当性・有効性を考える上で重要な要素である．当てはまりの良さを計る基準として，一般に使われるのが，**決定係数** R^2 である．Y_i の変動の総和は $\sum(Y_i - \bar{Y})^2$ であるが，このうち，回帰方程式で説明できる部分は $\sum(\hat{Y}_i - \bar{Y})^2$，説明できない部分は $\sum e_i{}^2$ で

$$\sum (Y_i - \bar{Y})^2 = \sum (\hat{Y}_i - \bar{Y})^2 + \sum e_i{}^2 \tag{6.15}$$

となる．

R^2 は，Y_i の変動のうち，説明できる部分の割合で，

$$R^2 = 1 - \frac{\sum e_i{}^2}{\sum (Y_i - \bar{Y})^2} = \frac{\sum (\hat{Y}_i - \bar{Y})^2}{\sum (Y_i - \bar{Y})^2} \tag{6.16}$$

となる．R^2 は $0 \leq R^2 \leq 1$ を満足し，X_i が完全に Y_i の変動を説明している場合は 1，まったく説明していない場合は 0 となる．r を X_i と Y_i の標本相関係数とすると，単回帰モデルでは $R^2 = r^2$ となる．

6.1.5　回帰係数の標本分布

母回帰係数の推定以外にも，回帰分析では β_1, β_2 について検定を行うことも目的としている．そのためには，$\hat{\beta}_1, \hat{\beta}_2$ の標本分布を知る必要がある．ここでは，いままでの条件に加えて，$u_1, u_2, \cdots, u_n$ が独立で正規分布に従うとする．(なお，

$u_1, u_2, \cdots, u_n$ が正規分布に従わない場合でも中心極限定理によって，ここでの結果は漸近的に，すなわち，n が大きい場合，近似的に成り立つ.)

まず，$\hat{\beta}_2$ について考えると，式 (6.10) から $\hat{\beta}_2$ は独立な正規分布に従う確率変数の和となり，$\hat{\beta}_2$ の分布は正規分布で，

$$N\left(\beta_2, \frac{\sigma^2}{\sum(X_i - \bar{X})^2}\right) \tag{6.17}$$

と表される．ここで，$\hat{\beta}_2$ の標準偏差の推定量 (これを $\hat{\beta}_2$ の**標準誤差**とよぶ) を

$$\text{s.e.}(\hat{\beta}_2) = \frac{s}{\sqrt{\sum(X_i - \bar{X})^2}} \tag{6.18}$$

とすると，$(\hat{\beta}_2 - \beta_2)\sqrt{\sum(X_i - \bar{X})^2}/\sigma$ の σ を s で置き換えた

$$t_2 = \frac{\hat{\beta}_2 - \beta_2}{\text{s.e.}(\hat{\beta}_2)} \tag{6.19}$$

は，自由度 $n-2$ の t 分布，$t(n-2)$ に従う．

同様に $\hat{\beta}_1$ の分布は，

$$N\left(\beta_1, \frac{\sigma^2 \sum X_i^2}{n\sum(X_i - \bar{X})^2}\right) \tag{6.20}$$

となる．標準誤差は

$$\text{s.e.}(\hat{\beta}_1) = s\sqrt{\frac{\sum X_i^2}{n\sum(X_i - \bar{X})^2}} \tag{6.21}$$

で求めるが，

$$t_1 = \frac{\hat{\beta}_1 - \beta_1}{\text{s.e.}(\hat{\beta}_1)} \tag{6.22}$$

は，$\hat{\beta}_2$ の場合と同様，自由度 $n-2$ の t 分布 $t(n-2)$ に従う．

6.1.6 回帰係数の検定

β_2 は，回帰モデルにおいて X が Y をどのように説明しているかを表す重要なパラメータである．β_2 についての検定を行ってみる．帰無仮説を $H_0 : \beta_2 = a$ とする．a は指定された定数である．対立仮説として

$H_1 : \beta_2 \neq a$ (両側検定)，　$H_1 : \beta_2 > a$ (右片側検定)，　$H_1 : \beta_2 < a$ (左片側検定)

から適当なものを選ぶ．検定では，$\hat{\beta}_2$ と s.e.$(\hat{\beta}_2)$ を計算し，検定統計量

$$t_2 = \frac{\hat{\beta}_2 - a}{\text{s.e.}(\hat{\beta}_2)} \tag{6.23}$$

を求める．帰無仮説を棄却するかどうかの臨界値は，自由度 $n-2$ の t 分布の上側確率が，$\alpha/2, \alpha$ に対応するパーセント点 $t_{\alpha/2}(n-2), t_\alpha(n-2)$ から求める．検定は t_2 と $t_{\alpha/2}(n-2), t_\alpha(n-2)$ を比較し，次のように行う．

(1) $H_1 : \beta_2 \neq a$ では，$|t_2| > t_{\alpha/2}(n-2)$ の場合，帰無仮説を棄却し，それ以外は採択する．

(2) $H_1 : \beta_2 > a$ では，$t_2 > t_\alpha(t-2)$ の場合，帰無仮説を棄却し，それ以外は採択する．

(3) $H_1 : \beta_2 < a$ では，$t_2 < -t_\alpha(n-2)$ の場合，帰無仮説を棄却し，それ以外は採択する．

ところで，回帰分析では，X が Y を説明できるかどうか，すなわち，$H_0 : \beta_2 = 0$ の検定が特に重要となる．この検定の結果，帰無仮説が棄却された場合，回帰方程式は有意であるという．また，このために計算された検定統計量 $t_2 = \hat{\beta}_2/\text{s.e.}(\hat{\beta}_2)$ は t 値とよばれている．なお，ここで得られた t 値は，相関係数の検定での式 (5.21) と同一の値となる．

6.1.7 定数項を含まない回帰モデル

ばねの伸びと重さの関係のように，切片が 0 であることがわかっていることがある．この場合は切片のない回帰モデル，

$$Y_i = \beta X_i + u_i \quad (i = 1, 2, \cdots, n) \tag{6.24}$$

を考える．回帰係数の最小二乗推定量および分散は，それぞれ

$$\hat{\beta} = \frac{\sum X_i Y_i}{\sum X_i^2}, \qquad V(\hat{\beta}) = \frac{\sigma^2}{\sum X_i^2} \tag{6.25}$$

となる．なお，この場合，当てはまりの良さは式 (6.16) の R^2 では表すことができないので，注意が必要である．

問題 6.2 式 (6.24) の切片のない回帰モデルにおいて，回帰係数の最小二乗推定量および分散が，それぞれ

$$\hat{\beta} = \frac{\sum X_i Y_i}{\sum X_i^2}, \qquad V(\hat{\beta}) = \frac{\sigma^2}{\sum X_i^2}$$

となることを示せ．

6.2 重回帰分析

6.2.1 重回帰モデル

　前項では，説明変数が 1 つのモデルを考えた．しかしながら，複数の説明変数が被説明変数に影響すると考えられる場合が数多く存在する．たとえば，ある商品の消費量を考えた場合，説明変数としては，収入，資産保有高，性別，年齢などが考えられる．このように，2 個以上の説明変数がある場合を**重回帰分析**とよぶ．

　重回帰方程式は，複数の説明変数 $X_2, X_3, \cdots, X_k$ を含み，母集団において

$$Y_i = \beta_1 + \beta_2 X_{2i} + \beta_3 X_{3i} + \cdots + \beta_k X_{ki} + u_i \qquad (i = 1, 2, \cdots, n) \qquad (6.26)$$

となる．$\beta_1, \beta_2, \cdots, \beta_k$ は未知のパラメータで，他の説明変数の影響を取り除いた純粋の影響を表している．u_i は誤差項で，説明変数および誤差項は次の仮定を満足するものとする．

仮定 6.5 $X_{2i}, X_{3i}, \cdots, X_{ki}$ は確率変数でなく，すでに確定した値をとる．

仮定 6.6 u_i は確率変数で期待値が 0．すなわち，$E(u_i) = 0$ $(i = 1, 2, \cdots, n)$．

仮定 6.7 異なった誤差項は無相関．すなわち，$i \neq j$ であれば，$\text{cov}(u_i, u_j) = E(u_i u_j) = 0$．

仮定 6.8 分散が一定で σ^2．すなわち，$V(u_i) = E(u_i^2) = \sigma^2$ $(i = 1, 2, \cdots, n)$．

仮定 6.9 説明変数は他の説明変数の線形関数では表されない．すなわち，

$$\alpha_1 + \alpha_2 X_{2i} + \alpha_3 X_{3i} + \cdots + \alpha_k X_{ki} = 0 \qquad (i = 1, 2, \cdots, n)$$

となる $\alpha_1, \alpha_2, \cdots, \alpha_k$ は $\alpha_1 = \alpha_2 = \cdots = \alpha_k = 0$ 以外，存在しない．これを説明変数間に完全な**多重共線性**がないという．

6.2.2 最小二乗法による重回帰モデルの推定

重回帰方程式は，k 個の未知の母 (偏) 回帰係数 $\beta_1, \beta_2, \cdots, \beta_k$ を含んでいるので，これを標本から推定する．これには，単回帰分析の場合と同様，最小二乗法が用いられる．すなわち，

$$u_i = Y_i - (\beta_1 + \beta_2 X_{2i} + \beta_3 X_{3i} + \cdots + \beta_k X_{ki}) \tag{6.27}$$

であるが，その 2 乗和

$$S = \sum u_i{}^2 = \sum [Y_i - (\beta_1 + \beta_2 X_{2i} + \beta_3 X_{3i} + \cdots + \beta_k X_{ki})]^2 \tag{6.28}$$

を最小にする $\beta_1, \beta_2, \cdots, \beta_k$ の値を求める．このために S をそれぞれの β_j で偏微分して 0 とおいた k 個の連立方程式

$$\begin{aligned}
\frac{\partial S}{\partial \beta_1} &= -2 \sum [Y_i - (\beta_1 + \beta_2 X_{2i} + \beta_3 X_{3i} + \cdots + \beta_k X_{ki})] = 0 \\
\frac{\partial S}{\partial \beta_2} &= -2 \sum X_{2i}[Y_{2i} - (\beta_1 + \beta_2 X_{2i} + \beta_3 X_{3i} + \cdots + \beta_k X_{ki})] = 0 \\
&\vdots \\
\frac{\partial S}{\partial \beta_k} &= -2 \sum X_{ki}[Y_i - (\beta_1 + \beta_2 X_{2i} + \beta_3 X_{3i} + \cdots + \beta_k X_{ki})] = 0
\end{aligned} \tag{6.29}$$

を考える．

この連立方程式は $\beta_1, \beta_2, \cdots, \beta_k$ の線形の連立方程式となるので，解くことができる．(仮定 6.9 はただ 1 つの解が存在することの必要十分条件となっている．) 最小二乗推定量 $\hat{\beta}_1, \hat{\beta}_2, \cdots, \hat{\beta}_k$ は，この連立方程式の解で，標本 (偏) 回帰係数とよばれる．$\hat{\beta}_1, \hat{\beta}_2, \cdots, \hat{\beta}_k$ は，単回帰分析の場合と同様，不偏・一致推定量であり，Gauss–Markov の定理によって最良線形不偏推定量となっている．

この結果得られた $y = \hat{\beta}_1 + \hat{\beta}_2 x_2 + \hat{\beta}_3 x_3 + \cdots + \hat{\beta}_k x_k$ および，$E(Y_i)$ の推定量

$$\hat{Y}_i = \hat{\beta}_1 + \hat{\beta}_2 X_{2i} + \hat{\beta}_3 X_{3i} + \cdots + \hat{\beta}_k X_{ki} \tag{6.30}$$

は，単回帰分析の場合と同様，それぞれ，回帰方程式，当てはめ値とよばれる．

誤差項 u_i の分散 σ^2 は，回帰残差 $e_i = Y_i - \hat{Y}_i$ から

$$s^2 = \sum \frac{e_i{}^2}{n-k} \tag{6.31}$$

で推定する．残差の2乗和を $n-k$ で割るのは，

$$\sum e_i = 0, \quad \sum e_i X_{2i} = 0, \quad \sum e_i X_{3i} = 0, \quad \cdots, \quad \sum e_i X_{ki} = 0 \qquad (6.32)$$

が成り立ち，自由度が k 失われてしまうためである．[式 (6.32) は式 (6.29) と対応している．]

6.2.3 最尤推定量

$u_1, u_2, \cdots, u_n$ が独立で期待値0, 分散 σ^2 の正規分布 $N(0, \sigma^2)$ に従うとする．この場合，**最尤法**とよばれる，最小二乗法と異なった推定原理によって，回帰係数 $\beta_1, \beta_2, \cdots, \beta_k$ や u_i の分散 σ^2 を推定することが可能である．

最尤法によって得られた推定量は**最尤推定量** (MLE と略される) とよばれる．最尤法は，非常に重要な推定方法であり，多くの統計モデルがこの方法によって推定されている．ここでは，一般的な最尤法の基礎について説明し，次いで回帰モデルにおける最尤法について説明する．

a. 最　　尤　　法

表が出る確率が p, 裏が出る確率が $q = 1-p$ のコインがあり，p は未知であったとする．表が出た場合を1, 裏が出た場合を0とし，このコインを5回投げたところ，$\{1,1,0,0,1\}$ という結果が出たとする．いま，p の可能性として $p = 0.4$ と $p = 0.6$ があったとする．では，$p = 0.4$ と $p = 0.6$ のどちらが尤もらしいであろうか．p が与えられた場合，このような標本が得られる確率は，

$$L(p) = p^3(1-p)^2 \qquad (6.33)$$

である．したがって，$p = 0.4$ の場合 0.02304, $p = 0.6$ の場合 0.03456 となり，$p = 0.6$ の方が大きく，もっともらしいといえる．このもっともらしさ $L(p)$ を**尤度**とよぶ．尤度 $L(p)$ は p の関数であり，**尤度関数**ともよばれる．最尤法は，尤度関数を最大にするものを推定量とする方法で，この結果得られた推定量 $\hat{p}$ を最尤推定量とよぶ．(なお，一般の推定量と同様，最尤推定量に具体的なデータの値を代入して得られた数値は，**最尤推定値**とよばれる．)

この例では，p のとりうる値は，0から1までである．$L(p)$ は掛け算の形なので，対数をとって和の形にした**対数尤度**を考えると，

$$\log L(p) = 3\log p + 2\log(1-p) \tag{6.34}$$

である.

$$\frac{\mathrm{d}\log L(p)}{\mathrm{d}p} = \frac{3}{p} - \frac{2}{1-p}$$

から, $\hat{p} = \bar{X}$ となり, この例では, $\hat{p} = 0.6$ が最尤推定値である.

一般に, 標本 $X_1, X_2, \cdots, X_n$ が独立で未知のパラメータ θ を含む分布 $f(x, \theta)$ に従う場合, 尤度は n 個の関数の積として,

$$L(\theta) = \prod_{i=1}^{n} f(X_i, \theta) \tag{6.35}$$

となる. $\prod$ は積を示す記号である. θ が既知とすると, これは, $(X_1, X_2, \cdots, X_n)$ の同時確率関数 (X_i が離散型の変数の場合) または同時確率密度関数 (X_i が連続型の変数の場合) となっている. 実際は, θ は未知であり, 対数をとって和の形にした対数尤度,

$$\log L(\theta) = \sum_{i=1}^{n} \log f(X_i, \theta) \tag{6.36}$$

を最大にする最尤推定量, 最尤推定値を求めることになる. 多くの場合, 解析的に最尤推定量を求めることはできず, 数値計算によって解を求める. 最尤推定量 $\hat{\theta}$ を対数尤度に代入した $\log L(\hat{\theta})$ は**対数最大尤度**とよばれるが, これは後に説明するように検定やモデル選択において重要な働きをする. 最尤推定量は, 漸近有効性など, n が十分大きい場合にはたいへん優れた性質を有している.

b. 回帰モデルの最尤法による推定

誤差項の分布が正規分布であるとすると, $u_i = Y_i - (\beta_1 + \beta_2 X_{2i} + \cdots + \beta_k X_{ki})$ は $N(0, \sigma^2)$ に従うので, 対数尤度は,

$$\log L(\beta_1, \beta_2, \cdots, \beta_k, \sigma^2) = n(\log\sqrt{2\pi} + \log\sigma)$$
$$- \sum_{i=1}^{n} \frac{(Y_i - \beta_1 - \beta_2 X_{2i} - \cdots - \beta_k X_{ki})^2}{2\sigma^2} \tag{6.37}$$

となる. 対数尤度を最大にすることによって, 最尤推定量 $\hat{\beta}_1, \hat{\beta}_2, \cdots, \hat{\beta}_k$ および $\hat{\sigma}^2$ を求めることができる. この場合, $\hat{\beta}_1, \hat{\beta}_2, \cdots, \hat{\beta}_k$ は最小二乗推定量と一致する. (これは特別な例で, 最小二乗法と最尤法は異なった原理にもとづく, 異なった推定方法である.)

$\hat{\sigma}^2$ および対数最大尤度は,

$$\hat{\sigma}^2 = \sum \frac{e_i^2}{n} \tag{6.38a}$$

$$\log L(\hat{\beta}_1, \hat{\beta}_2, \cdots, \hat{\beta}_k, \hat{\sigma}^2) = -\frac{n}{2}\left[1 + \log(2\pi) + \log\left(\frac{\sum e_i^2}{n}\right)\right] \tag{6.38b}$$

となる. $\hat{\sigma}^2$ は σ^2 の (一致推定量ではあるが) 不偏推定量とはなっていない.

6.2.4 重回帰分析における検定

a. t 検 定

σ^2 の推定量 s^2 を使って, 標本回帰係数 $\hat{\beta}_j$ の標準誤差 s.e.$(\hat{\beta}_j)$ を求めることができる.

$$t_j = \frac{\hat{\beta}_j - \beta_j}{\text{s.e.}(\hat{\beta}_j)} \tag{6.39}$$

は, 自由度 $n-k$ の t 分布 $t(n-k)$ に従うので, 1つの回帰係数に関する仮説 $H_0: \beta_j = a$ については, 単回帰分析の場合と同様に検定を行うことができる. すなわち, $t_j = (\hat{\beta}_j - a)/\text{s.e.}(\hat{\beta}_j)$ を計算し, これを自由度 $n-k$ の t 分布のパーセント点 $t_{\alpha/2}(n-k), t_\alpha(n-k)$ と比較して検定を行う.

b. F 検 定

重回帰分析の場合, 複数の説明変数があるので, いくつかの回帰係数についての仮説を同時に検定したい場合がある. たとえば, 実験用のラットに2つの薬 A, B を与え, その影響をしらべる場合, ラットの体重を Y, A, B の投与量を X_2, X_3 とすると,「どちらの薬にも影響がない」という帰無仮説は,

$$H_0: \beta_2 = 0 \quad かつ \quad \beta_3 = 0$$

となり,「少なくともどちらかの影響がある」という対立仮説は,

$$H_1: \beta_2 \neq 0 \quad または \quad \beta_3 \neq 0$$

となる.

このように帰無仮説が複数の制約式からなる場合, 個々の回帰係数についての t 検定だけでは不十分で, 次の手順に従って F 検定を行う.

(1) H_0 が正しいとして，重回帰方程式 (上の例では，X_2, X_3 を含まない式) を推定し，残差の平方和 S_0 を求める.
(2) すべての説明変数を加えて (H_0 が成立しないとして H_1 のもとで) 重回帰方程式を推定し，残差の 2 乗和 S_1 を求める.
(3) H_0 に含まれる式の数を p とすると，

$$F = \frac{(S_0 - S_1)/p}{S_1/(n-k)} \tag{6.40}$$

は，帰無仮説のもとで，自由度 $(p, n-k)$ の F 分布 $F(p, n-k)$ に従う. 検定の臨界値は，$F(p, n-k)$ の有意水準 α に対応するパーセント点 $F_\alpha(p, n-k)$ となるので，検定統計量 F と $F_\alpha(p, n-k)$ を比較し，$F > F_\alpha(p, n-k)$ の場合，帰無仮説を棄却し，それ以外では帰無仮説を採択する.

特に，説明変数のすべてが Y を説明しないという帰無仮説,

$$H_0 : \beta_2 = \beta_3 = \cdots = \beta_k = 0$$

と対立仮説,

$$H_1 : \beta_2, \beta_3, \cdots, \beta_k \text{ の少なくとも 1 つは 0 でない}$$

を検定する場合は,

$$p = k - 1, \quad S_0 = \sum(Y_i - \bar{Y})^2, \quad S_1 = \sum e_i^2, \quad S_0 - S_1 = \sum(\hat{Y}_i - \bar{Y})^2$$

として F 値を計算する.

なお，帰無仮説の制約式がただ 1 つの場合，$F = t^2$ となり，F 検定は t 検定の両側検定の結果と完全に一致する. F 検定では片側検定で行ったように対立仮説を不等号で与えることはできないので，1 つの回帰係数についての検定は t 検定を用いる.

c. 尤度比検定

F 検定で述べたのと同様に，いくつかの回帰係数についての仮説を同時に検定したい場合，すなわち，帰無仮説，対立仮説が

$$H_0 : \beta_2 = 0 \quad \text{かつ} \quad \beta_3 = 0 \qquad H_1 : \beta_2 \neq 0 \quad \text{または} \quad \beta_3 \neq 0$$

で与えられるような場合，F 検定以外にも，**尤度比検定**とよばれる検定方法を使うことができる. 尤度比検定は，次のような手順で行う.

(1) H_0 が正しいとして，重回帰方程式 (上の例では，X_2, X_3 を含まない式) を推定し，対数最大尤度 $\log L_0$ を求める．
(2) すべての説明変数を加えて (H_0 が成立していないとして H_1 のもとで) 重回帰方程式を推定し，対数最大尤度 $\log L_1$ を求める．
(3) H_0 に含まれる式の数を p とすると，

$$\chi^2 = 2(\log L_1 - \log L_0) \tag{6.41}$$

は，帰無仮説のもとで漸近的に (n が十分大きければ近似的に) 自由度 p の χ^2 分布 $\chi^2(p)$ に従う．検定における臨界値は，$\chi^2(p)$ の有意水準 α に対応するパーセント点 $\chi^2_\alpha(p)$ であるので，検定統計量 χ^2 と $\chi^2_\alpha(p)$ を比較し，$\chi^2 > \chi^2_\alpha(p)$ の場合，帰無仮説を棄却し，それ以外は採択する．

尤度比検定は，t 検定や F 検定と異なり漸近的にしか成り立たないが，線形回帰モデル以外の複雑なモデルや帰無仮説が非線形の場合にも使うことができ，幅広く使われている検定方法である．

6.2.5 説明変数の選択とモデルの当てはまりの良さの基準

a. 説明変数の選択の重要性

回帰分析では説明変数を適切に選択することが重要となる．ここでは，なぜ説明変数の選択が重要となるかについて説明する．いま，必要な説明変数を加えない，すなわち，真のモデルが，

$$Y_i = \beta_1 + \beta_2 X_{2i} + \beta_3 X_{3i} + u_i \tag{6.42}$$

であるにもかかわらず，必要な説明変数を加えない誤ったモデル

$$Y_i = \gamma_1 + \gamma_2 X_{2i} + v_i \tag{6.43}$$

を推定した場合を考える．($\beta_3 = 0$ とすると正しいモデルを考えていることとなるので $\beta_3 \neq 0$ とする．) この場合の最小二乗推定量は，

$$\begin{aligned}
\hat{\gamma}_2 &= \frac{\sum(X_{2i} - \bar{X}_2)(Y_i - \bar{Y})}{\sum(X_{2i} - \bar{X}_2)^2} = \frac{\sum(X_{2i} - \bar{X}_2)Y_i}{\sum(X_{2i} - \bar{X}_2)^2} \\
&= \beta_2 + \beta_3 \frac{\sum(X_{2i} - \bar{X}_2)X_{3i}}{\sum(X_{2i} - \bar{X}_2)^2} + \frac{\sum(X_{2i} - \bar{X}_2)u_i}{\sum(X_{2i} - \bar{X}_2)^2}
\end{aligned} \tag{6.44}$$

であり,

$$E(\hat{\gamma}_2) = \beta_2 + \beta_3 \widehat{\text{cov}}(X_{2i}, X_{3i})/\hat{V}(X_{2i}) \tag{6.45}$$

となる.ここで,$\widehat{\text{cov}}(X_{2i}, X_{3i})$ は X_{2i} と X_{3i} の標本共分散,$\hat{V}(X_{2i})$ は X_{2i} の標本分散である.すなわち,$\hat{\gamma}_2$ は X_{3i} の影響を含んでしまうため,X_{2i} と X_{3i} の標本共分散が 0 でない限り,不偏推定量ではなくなる.また,一致推定量でもない.

次に,真のモデルが

$$Y_i = \beta_1 + \beta_2 X_{2i} + u_i \tag{6.46}$$

であるにもかかわらず,不要な変数を加えたモデル

$$Y_i = \gamma_1 + \gamma_2 X_{2i} + \gamma_3 X_{3i} + v_i \tag{6.47}$$

を推定した場合を考える.この場合,推定したモデルは真のモデルを含むので ($\gamma_3 = 0$ の場合) 最小二乗推定量は不偏推定量となる.しかしながら,r_{23} を X_{2i} と X_{3i} の標本相関係数とすると,分散は

$$V(\hat{\gamma}_2) = \frac{1}{1 - r_{23}^2} \frac{\sigma^2}{\sum (X_{2i} - \bar{X}_2)^2} \geq V(\hat{\beta}_2) \tag{6.48}$$

となり,分散が大きくなってしまうことになる.

ここで,ある推定量 $\tilde{\beta}_2$ (不偏推定量とは限らず,**偏りのある推定量**を含むとする) と真の値 β_2 との差は,**平均二乗誤差** (MSE) で表されるが,

$$\text{MSE} = E[(\tilde{\beta}_2 - \beta_2)^2] = (b_2 - \beta_2)^2 + E[(\tilde{\beta}_2 - b_2)^2]$$
$$= (b_2 - \beta_2)^2 + V(\tilde{\beta}_2) \tag{6.49a}$$
$$b_2 = E(\tilde{\beta}_2) \tag{6.49b}$$

となる.$b_2 - \beta_2$ は推定量の偏りであるが,分散が大きいことは,偏りがあることと同様に好ましくないことになる.したがって,不要な説明変数を加えるとかえってモデルが悪くなってしまうことになる.

b. 決定係数と修正決定係数

Y_i の変動 $\sum (Y_i - \bar{Y})^2$ は $X_2, X_3, \cdots, X_k$ で説明できる部分と,説明できない部分の和として,

$$\sum (Y_i - \bar{Y})^2 = \sum (\hat{Y}_i - \bar{Y})^2 + \sum e_i^2 \tag{6.50}$$

となる．モデルの当てはまりの良さを表す決定係数 R^2 は，

$$R^2 = 1 - \frac{\sum e_i{}^2}{\sum (Y_i - \bar{Y})^2} = \frac{\sum (\hat{Y}_i - \bar{Y})^2}{\sum (Y_i - \bar{Y})^2} \tag{6.51}$$

となる．R^2 の正の平方根は**重相関係数**とよばれ，R で表される．

ところで，R^2 は説明変数の数が増加するに従って増加する．$k=n$ とすると，$R^2 = 1$ となってしまう．($k>n$ では仮定 6.9 が満たされず，推定できない．) 修正 R^2 の $\bar{R}^2$ は，説明変数の数の違いを考慮したもので，Y_i の変動と残差の平方和をその自由度で割った

$$\bar{R}^2 = 1 - \frac{\sum e_i{}^2/(n-k)}{\sum (Y_i - \bar{Y})^2/(n-1)} \tag{6.52}$$

で定義する．$\bar{R}^2$ は k が増加しても必ず増加するとは限らない．なお，式 (6.52) の分母は説明変数の数によらず一定なので，$\bar{R}^2$ を最大にすることは，s^2 を最小にするのと同一のことになる．

c. モデル選択と AIC, BIC

重回帰分析において，最適な説明変数の組合せを選ぶことは，モデル選択とよばれる分野の問題であるが，$\bar{R}^2$ では説明変数を増やすことに対するペナルティーが十分でないとされている．一般に広く使われているのは AIC (**赤池の情報量基準**)，BIC (**Schwarz の Bayes 情報基準**) とよばれる基準である．

$\log L$ を対数最大尤度とする．最適なモデルとして，AIC, BIC は，

$$\text{AIC} = -2\log L + 2v \tag{6.53a}$$

$$\text{BIC} = -2\log L + v\log n \tag{6.53b}$$

を最小にするものを選択する．v はモデルに含まれる未知のパラメータの数である．AIC, BIC は回帰分析以外のモデル選択にも利用可能である．AIC については，次で簡単に説明する．また，BIC はベイズ統計学の事後確率の議論から求められるが，ベイズ統計学の知識が必要なため説明は省略する．

d. AIC と Kullback–Leibler 情報量

AIC は，モデル選択に最も広く使われている基準の 1 つであるが，ここでは，その理論的な意味について **Kullback–Leibler** (カルバック–ライブラー) **情報量**

を使って簡単に説明する．f を分析対象としているモデル，g を真のモデルとする．Kullback–Leibler 情報量 (以下 KL とする) は，

$$KL = E[\log(g/f)] \tag{6.54}$$

で与えられる (期待値は真のモデルのもとで計算)．KL は負にならず，$f \equiv g$ の場合 0 で最小となり，真のモデルと分析対象とするモデルとの「ずれ」を表していると考えられる．したがって，モデル選択には，KL を最小にするものが好ましいことになる．g は未知であり，KL は直接計算することはできないが，$E(\log g)$ は真のモデルだけに依存して一定であるので，

$$KL \text{ を最小にする} \Leftrightarrow E(\log f) \text{ を最大にする} \tag{6.55}$$

となる．$E(\log f)$ は平均対数尤度とよばれている．

ここで，f が重回帰モデルのように v 個のパラメータ $\theta_1, \theta_2, \cdots, \theta_v$ で決まるモデル (一般性をもたせるため未知のパラメータを θ で表す) であり，真のモデル g もこの中に含まれるとする．選択すべきモデルは $E(\log f)$ を最大にするものであるが，これは，KL と同様，直接推定できないので，対数最大尤度を観測値の数で割った

$$h = \log L/n \tag{6.56}$$

で置き換えることが考えられる．しかしながら，h にはバイアスがあり，このままでは $E(\log f)$ のかわりに用いることはできない．このバイアスを漸近理論を使って近似的に計算すると，v/n となり，

$$E(\log f) \approx \frac{\log L - v}{n} \tag{6.57}$$

と見なすことができる．AIC は，式 (6.57) の両辺に $-2n$ を掛けたものとして定義した．結局，AIC を最小にするモデルを選択することは，近似的にではあるが Kullback–Leibler 情報量を最小にするモデルを選択することになっている．

6.2.6 ダミー変数

回帰分析では，量的データばかりでなく，**ダミー変数**とよばれる変数を使うことによって質的データを説明変数として使って分析を行うことができる．ダミー

変数は，0または1をとる変数で，たとえば，性別を表す場合，女性の場合0，男性の場合1とし，

$$D_i = \begin{cases} 0 & (女性) \\ 1 & (男性) \end{cases} \quad (6.58)$$

とする．いま，例として，Y を賃金，X を勤続年数とし，男女の間に賃金の格差があるかどうかを考えてよう．いま，男女の賃金差が勤続変数にかかわらず一定で

$$Y_i = \beta_1 + \beta_2 X_i + u_i \quad (女性) \quad (6.59a)$$

$$Y_i = \beta_1^* + \beta_2 X_i + u_i \quad (男性) \quad (6.59b)$$

であるとする．この場合，ダミー変数を使うと男女の賃金を単一の式で

$$Y_i = \beta_1 + \beta_2 X_i + \beta_3 D_i + u_i \quad (6.60)$$

で表すことができる．ダミー変数は通常の変数とまったく同一に取り扱うことができ，男女間に賃金格差があるかどうかは，$H_0 : \beta_3 = 0$ として検定を行えばよいことになる．

ダミー変数は，上記の例のように使用されることが多いが，初任給は男女とも同一であるが，その後の賃金上昇率が異なり

$$Y_i = \beta_1 + \beta_2 X_i + u_i \quad (女性) \quad (6.61a)$$

$$Y_i = \beta_1 + \beta_2^* X_i + u_i \quad (男性) \quad (6.61b)$$

であるケースにも利用することができる．この場合は $Z_i = D_i X_i$ として，

$$Y_i = \beta_1 + \beta_2 X_i + \beta_3 Z_i + u_i \quad (6.62)$$

を考えればよく，男女間に賃金上昇率に差があるかどうかは，$H_0 : \beta_3 = 0$ の検定を行う．また，初任給，賃金上昇率ともに異なる場合は，

$$Y_i = \beta_1 + \beta_2 X_i + \beta_3 D_i + \beta_4 Z_i + u_i \quad (6.63)$$

とする．男女間に差があるかどうかの検定は，$H_0 : \beta_3 = \beta_4 = 0$ の F 検定を行う．(ただし，この場合は，男女別に回帰方程式を推定するのと同一の結果になる．)

性別の場合は，とりうる状態が2つであったが，質的データのとりうる状態が $A_1, A_2, \cdots, A_s$ で s 個である場合は，$s-1$ 個のダミー変数，$D_{1i}, D_{2i}, \cdots, D_{s-1,i}$

を

$$D_{1i} = \begin{cases} 1 \ (A_1 \ \text{の場合}) \\ 0 \ (\text{それ以外}) \end{cases} D_{2i} = \begin{cases} 1 \ (A_2 \ \text{の場合}) \\ 0 \ (\text{それ以外}) \end{cases} \cdots D_{s-1,i} = \begin{cases} 1 \ (A_{s-1} \ \text{の場合}) \\ 0 \ (\text{それ以外}) \end{cases}$$
(6.64)

として，分析を行う．s 個のダミー変数を全部使うと完全な**多重共線性**のため，仮定 6.9 が満足されず，回帰方程式の推定ができなくなる．

注意 6.1 s 個のダミー変数を使う必要がある場合は，定数項を含まないモデルを用いる． ◁

6.3 回帰分析の例

　気象変動が実際に起こっているかどうかは大きな問題である．表 6.1 は，東京，大阪，福岡，札幌の 4 都市における 1981〜2010 年の年間降水量の推移である．このデータを使い，降水量がどのように変化してきたか，すなわち，この期間に継続的な増加・減少傾向があったかを回帰モデルを使って分析する．

表 **6.1**　4 都市における 1981〜2010 年の年間降水量の推移 (mm)

年	東京	大阪	福岡	札幌	年	東京	大阪	福岡	札幌
1981	1463.5	1094.0	1699.5	1671.5	1996	1333.5	1281.5	1275.5	1099.0
1982	1575.5	1241.5	1778.5	1044.5	1997	1302.0	1337.5	2083.0	1015.0
1983	1340.5	1242.0	1721.0	885.0	1998	1546.5	1605.0	1865.5	1155.0
1984	879.5	1059.5	1170.0	725.0	1999	1622.0	1365.5	1661.5	1094.5
1985	1516.5	1276.5	2024.5	1053.5	2000	1603.0	1163.5	1344.0	1444.5
1986	1458.0	1203.5	1569.0	1128.0	2001	1491.0	1041.5	1942.5	1125.0
1987	1089.0	949.5	1876.0	997.5	2002	1294.5	954.0	1371.5	1101.0
1988	1515.5	1300.0	1355.0	1121.0	2003	1854.0	1528.5	1600.5	916.0
1989	1937.5	1712.5	1544.5	998.0	2004	1750.0	1594.5	1741.5	1130.5
1990	1512.5	1740.0	1254.5	1067.0	2005	1482.0	909.0	1020.0	1236.5
1991	2042.0	1433.0	2085.5	972.5	2006	1740.0	1399.5	2018.0	1145.5
1992	1619.5	1220.5	1438.0	1090.0	2007	1332.0	962.5	1195.0	1028.5
1993	1872.5	1635.0	2049.5	1065.5	2008	1857.5	1262.5	1780.5	843.0
1994	1131.5	744.0	891.0	1330.5	2009	1801.5	1165.0	1692.0	1147.0
1995	1220.0	1379.0	1593.0	1240.5	2010	1679.5	1568.0	1729.0	1325.0

(出典) 表 4.2 に同じ．

注意 6.2 4都市としたのは地域の局所的な影響を取り除くためである．また，このデータは，いくつかの異なった対象に対して時系列データを集めたものであるので，パネルデータとなっている．ここでの分析は，パネルデータの代表的な分析手法の1つである固定効果モデルによる分析となっている． ◁

説明変数は年および大阪，福岡，札幌を表すダミー変数とし，モデルを

$$Y_i = \beta_1 + \beta_2 X_{2i} + \beta_3 X_{3i} + \beta_4 X_{4i} + \beta_5 X_{5i} + u_i \tag{6.65}$$

とした．ここで

Y_i : 降水量

X_{2i} : 年 $-$ 1980

X_{3i} : 大阪 1，それ以外の都市が 0 のダミー変数

X_{4i} : 福岡 1，それ以外の都市が 0 のダミー変数

X_{5i} : 札幌 1，それ以外の都市が 0 のダミー変数

である．表 6.2 は Excel (Excel 2010) による推定結果である．[Excel による回帰モデルの推定については，巻末の参考文献 [48] を参照．Excel では対数尤度が計算されないため，式 (6.38) から計算したものである．]

標本回帰方程式は (括弧内は標準誤差)

$$Y = \underbrace{1486.5}_{(64.02)} + \underbrace{2.7227 X_2}_{(2.7554)} - \underbrace{249.8 X_3}_{(67.46)} + \underbrace{83.7 X_4}_{(67.46)} - \underbrace{422.2 X_5}_{(67.46)} \tag{6.66a}$$

$R^2 = 0.3843$, 自由度 $n - k = 115$,

残差の 2 乗和 $= 7848973$, $\log L = -835.5767$ \hfill (6.66b)

である．$\hat{\beta}_3 \sim \hat{\beta}_5$ の標準誤差が同じ値となっているのは，説明変数のデータの特殊な構造のためである．β_2 の係数の推定値は正であったが，β_2 が 0 であるかどうかの検定における t 値は 0.9881 であり，有意水準 α を 5% とすると $|t| < t_{\alpha/2}(n-k) = 1.9808$ で帰無仮説は棄却されず，この期間に統計的に有意な増加や減少傾向があったとは認められないことになる．次に，雨量に地域差があるかどうかの検定，すなわち，$H_0 : \beta_3 = \beta_4 = \beta_5 = 0$ の検定を行う．帰無仮説のもとでのモデルの推定結果は，

表 6.2 Excel による推定結果

概　　要

回帰統計	
重相関係数 R	0.6199204
決定係数 R^2	0.38430
補正 R^2	0.36289
標準誤差	261.251
観測数	120

分散分析表

	自由度	変動	分散	観測された分散比	有意 F
回帰	4	4899101.7	1224775.4	17.944917	1.78746×10^{-11}
残差	115	7848973.3	68251.9		
合計	119	12748075.0			

	係数	標準誤差	t	P 値	下限 95%	上限 95%
切片	1486.55	64.0237	23.21871	0.00000	1359.73	1613.37
X_2	2.72	2.7554	0.98814	0.32516	-2.74	8.18
X_3	-249.80	67.4546	-3.70323	0.00033	-383.41	-116.19
X_4	83.57	67.4546	1.23886	0.21792	-50.05	217.18
X_5	-422.22	67.4546	-6.25927	6.865×10^{-9}	-555.83	-288.60

$$Y = \underbrace{1339.4}_{(61.38)} + \underbrace{2.7227 X_2}_{(3.4575)} \tag{6.67a}$$

$$R^2 = 0.00523, \quad 残差の平方和 = 12681433, \quad \log L = -864.3621 \tag{6.67b}$$

である．したがって，この検定の検定統計量 F の値は

$$F = \frac{(S_0 - S_1)/p}{S_1/(n-k)} = 23.601 \tag{6.68}$$

である．一方，有意水準を 1% とした場合の自由度 $(3, 115)$ の F 分布のパーセント点は $F_{1\%}(p, n-k) = 3.9565$ であるから，帰無仮説は棄却され地域差があることが認められる．

さらに，同一の仮説を尤度比検定を使って行ってみる．(有意水準 α は 1% とする．)

$$\chi^2 = 2(\log L_1 - \log L_0) = 57.571 > \chi_\alpha^2(p) = 11.345 \tag{6.69}$$

であり，F 検定と同様，帰無仮説は棄却される．

問題 6.3 表 6.3 は 1951〜1980 年における 4 都市の降水量の推移である．式 (6.65) のモデルを推定し（ただし，X_{2i} は 年 − 1950 とする），この期間に継続的な増加・減少傾向があったかどうかを検定せよ．また，雨量に地域差があるかどうかの検定，すなわち，$H_0 : \beta_3 = \beta_4 = \beta_5 = 0$ の検定を行え．

表 6.3　4 都市における 1951〜1980 年の年間降水量の推移 (mm)

年	東京	大阪	福岡	札幌	年	東京	大阪	福岡	札幌
1951	1589.8	1468.8	1883.1	1112.1	1966	1643.5	1532.8	1440.4	1327.5
1952	1640.6	1735.2	1632.5	963.0	1967	1023.3	1421.0	1345.4	1104.3
1953	1519.4	1475.9	2440.5	1340.6	1968	1491.0	1350.0	1413.0	981.0
1954	1770.7	1690.0	2182.8	1055.5	1969	1343.0	1185.0	1411.0	957.5
1955	1553.9	1271.4	1645.0	1352.1	1970	1122.0	1292.0	1407.5	1119.0
1956	1657.3	1452.7	1955.0	1139.9	1971	1438.5	1133.5	1195.5	952.5
1957	1500.0	1685.5	1923.5	1241.4	1972	1627.5	1520.0	2351.0	1559.0
1958	1804.9	1390.0	1698.1	1216.1	1973	1149.5	1098.0	1402.5	1173.0
1959	1626.3	1750.9	1589.4	1062.0	1974	1580.5	1473.0	1287.5	1063.0
1960	1281.9	1349.1	1600.9	1068.0	1975	1540.5	1398.5	1335.5	1432.0
1961	1260.2	1467.2	1376.8	1095.1	1976	1557.5	1500.0	1907.5	999.5
1962	1256.0	1224.8	1747.7	1228.0	1977	1454.0	1061.5	1353.5	1102.5
1963	1575.0	1412.4	2300.6	1134.5	1978	1030.0	884.0	1138.0	1090.0
1964	1140.2	1035.1	1388.9	1274.1	1979	1453.5	1430.0	1742.5	1078.5
1965	1596.0	1596.5	1540.2	1343.6	1980	1577.5	1702.0	2976.5	1178.5

(出典) 表 4.2 に同じ．

7 ベクトルと行列を使った回帰分析

複数の説明変数を含む重回帰モデルでは，ベクトルや行列を使わない方法ではモデルや最小二乗推定量，その分散などの表示がたいへん複雑になる．ここでは，ベクトルと行列を使って回帰分析・最小二乗法を説明する．なお，本章では，区別のためベクトル・行列は太字で表すものとする．

7.1 重回帰モデルのベクトルと行列による表示

これまでは，重回帰モデルを

$$Y_i = \beta_1 + \beta_2 X_{2i} + \beta_3 X_{3i} + \cdots + \beta_k X_{ki} + u_i \qquad (i=1,2,\cdots,n) \tag{7.1}$$

のように表してきたが，行列とベクトルを使うとモデルや最小二乗法・推定量を簡単に表示することができる．$\boldsymbol{\beta}$ と $\boldsymbol{x}_i$ を次のような k 次元のベクトルとする．

$$\boldsymbol{\beta} = \begin{bmatrix} \beta_1 \\ \beta_2 \\ \vdots \\ \beta_k \end{bmatrix}, \qquad \boldsymbol{x}_i = \begin{bmatrix} 1 \\ X_{2i} \\ X_{3i} \\ \vdots \\ X_{ki} \end{bmatrix} \tag{7.2}$$

$\boldsymbol{\beta}$ は k 個の未知のパラメータを並べた列ベクトル，$\boldsymbol{x}_i$ は i の各変数のデータを並べた列ベクトルで，最初の要素の 1 は定数項に対応している．いま，$\boldsymbol{x}_i$ の転置ベクトル $\boldsymbol{x}_i'$ と $\boldsymbol{\beta}$ の積は

$$\boldsymbol{x}_i' \boldsymbol{\beta} = \beta_1 + \beta_2 X_{2i} + \beta_3 X_{3i} + \cdots + \beta_k X_{ki} \tag{7.3}$$

となるから，式 (7.1) はベクトルを使うと

$$Y_i = \boldsymbol{x}_i' \boldsymbol{\beta} + u_i \qquad (i=1,2,\cdots,n) \tag{7.4}$$

と表すことができる．1×1 の行列は通常の数量 (スカラー量) と同等に扱う．

いま, y が n 次元のベクトル, X が $n \times k$ の行列, u が n 次元のベクトルで

$$y = \begin{bmatrix} Y_1 \\ Y_2 \\ Y_3 \\ \vdots \\ Y_n \end{bmatrix}, \quad X = \begin{bmatrix} x'_1 \\ x'_2 \\ x'_3 \\ \vdots \\ x'_n \end{bmatrix} = \begin{bmatrix} 1 & X_{21} & X_{31} & \cdots & X_{k1} \\ 1 & X_{22} & X_{32} & \cdots & X_{k2} \\ 1 & X_{23} & X_{33} & \cdots & X_{k3} \\ \vdots & \vdots & \vdots & & \vdots \\ 1 & X_{2n} & X_{3n} & \cdots & X_{kn} \end{bmatrix}, \quad u = \begin{bmatrix} u_1 \\ u_2 \\ u_3 \\ \vdots \\ u_n \end{bmatrix} \quad (7.5)$$

とする. y は n 個の被説明変数のデータを並べたベクトルである. X は説明変数のデータを並べた行列で, 1 列目は定数項に対応し, すべての要素が 1, 2〜k 列は X_2〜X_k のデータとなっている. u は n 個の誤差項を並べたベクトルで, $E(u) = \mathbf{0}$ である. $\mathbf{0}$ はすべての要素が 0 のベクトルを表している. 行列 X とベクトル β の積を考えると,

$$X\beta = \begin{bmatrix} x'_1\beta_1 \\ x'_2\beta_2 \\ x'_3\beta_3 \\ \vdots \\ x'_n\beta_n \end{bmatrix} \quad (7.6)$$

となり, 式 (7.1) は,

$$y = X\beta + u \quad (7.7)$$

と表すことができる.

7.2 誤差項の分散–共分散行列

ここで, uu' を考えみてよう. これは, $n \times n$ の行列となり, その (i,j) 要素は $u_i u_j$ となる. 各要素が確率変数からなる行列の期待値は, 各要素の期待値をとった行列であり, uu' の期待値をとると,

$$E(uu') = \begin{bmatrix} E(u_1^2) & E(u_1u_2) & \cdots & E(u_1u_n) \\ E(u_2u_1) & E(u_2^2) & \cdots & E(u_2u_n) \\ \vdots & \vdots & \ddots & \vdots \\ E(u_nu_1) & E(u_nu_2) & \cdots & E(u_n^2) \end{bmatrix} \quad (7.8)$$

となる．$\mathrm{cov}(u_i, u_j) = E(u_i u_j)$, $V(u_i) = E(u_i{}^2)$ であり，$E(uu')$ は u の分散・共分散 (対角成分が分散，非対角成分が共分散) からなっている．この行列は u の**分散–共分散行列**とよばれ，$V(u)$ で表される．

ところで，これまで説明したように，標準的な仮定では，誤差項 u_i に関して，

(1) 誤差項間に系列相関がないこと，すなわち，$i \neq j$ ならば，$\mathrm{cov}(u_i, u_j) = E(u_i u_j) = 0$.
(2) 分散が一定であること，すなわち，$V(u_i) = E(u_i{}^2) = \sigma^2$.

という 2 つの仮定を置いた．これは，

$$V(u) = \sigma^2 I_n \tag{7.9}$$

と表すことができる．I_n は $n \times n$ の単位行列である．

7.3 最小二乗法と最小二乗推定量

7.3.1 最 小 二 乗 法

最小二乗法は，これまで説明した通り，

$$S = \sum [Y_i - (\beta_1 + \beta_2 X_{2i} + \beta_3 X_{3i} + \cdots + \beta_k X_{ki})]^2 \tag{7.10}$$

を最小にすることによって，$\beta_1, \beta_2, \cdots, \beta_k$ の推定量を求める方法である．行列を使うと推定量やその分散などを簡単に表すことができる．ここで，

$$u = y - X\beta = \begin{bmatrix} Y_1 - (\beta_1 + \beta_2 X_{21} + \beta_3 X_{31} + \cdots + \beta_k X_{k1}) \\ Y_2 - (\beta_1 + \beta_2 X_{22} + \beta_3 X_{32} + \cdots + \beta_k X_{k2}) \\ \vdots \\ Y_n - (\beta_1 + \beta_2 X_{2n} + \beta_3 X_{3n} + \cdots + \beta_k X_{kn}) \end{bmatrix} \tag{7.11}$$

であるので，

$$S = u'u = (y - X\beta)'(y - X\beta) \tag{7.12}$$

となる．推定量は，S を $\beta_1, \beta_2, \cdots, \beta_k$ で偏微分して 0 とおいた k 個の連立方程式から求めるが，ベクトルによる微分を使うと

と表すことができる．工学や物理学の分野では微分演算子

$$\boldsymbol{\nabla} = \begin{bmatrix} \frac{\partial}{\partial \beta_1} \\ \frac{\partial}{\partial \beta_2} \\ \vdots \\ \frac{\partial}{\partial \beta_k} \end{bmatrix} \tag{7.14}$$

$$\frac{\partial S}{\partial \boldsymbol{\beta}} = \begin{bmatrix} \frac{\partial S}{\partial \beta_1} \\ \frac{\partial S}{\partial \beta_2} \\ \vdots \\ \frac{\partial S}{\partial \beta_k} \end{bmatrix} = \boldsymbol{0} \tag{7.13}$$

(ナブラまたはデルとよばれる) を使って，ベクトルによる微分を $\boldsymbol{\nabla} S$ や $\mathrm{grad}\, S$ と表すことがある．ここで，$\boldsymbol{a}$ を $k \times 1$ のベクトル，$\boldsymbol{A}$ を $k \times k$ の行列とすると

$$\frac{\partial (\boldsymbol{a}'\boldsymbol{\beta})}{\partial \boldsymbol{\beta}} = \frac{\partial (\boldsymbol{\beta}'\boldsymbol{a})}{\partial \boldsymbol{\beta}} = \boldsymbol{a}, \qquad \frac{\partial (\boldsymbol{\beta}'\boldsymbol{A}\boldsymbol{\beta})}{\partial \boldsymbol{\beta}} = \boldsymbol{A}'\boldsymbol{x} + \boldsymbol{A}\boldsymbol{x} \tag{7.15a}$$

$$\frac{\partial (\boldsymbol{\beta}'\boldsymbol{A}\boldsymbol{\beta})}{\partial \boldsymbol{\beta}} = 2\boldsymbol{A}\boldsymbol{x} \qquad (\boldsymbol{A} \text{ が対称行列の場合}) \tag{7.15b}$$

である．したがって

$$\frac{\partial S}{\partial \boldsymbol{\beta}} = -2\boldsymbol{X}'\boldsymbol{y} + 2\boldsymbol{X}'\boldsymbol{X} \tag{7.16}$$

となり，$\hat{\boldsymbol{\beta}}$ を最小二乗推定量のベクトル

$$\hat{\boldsymbol{\beta}} = \begin{bmatrix} \hat{\beta}_1 \\ \hat{\beta}_2 \\ \vdots \\ \hat{\beta}_k \end{bmatrix} \tag{7.17}$$

とすると，

$$(\boldsymbol{X}'\boldsymbol{X})\hat{\boldsymbol{\beta}} = \boldsymbol{X}'\boldsymbol{y} \tag{7.18}$$

を得る．$\boldsymbol{X}'\boldsymbol{X}$ は $k \times k$ の正方行列であるが，説明変数間に完全な多重共線性がない場合は非特異行列で，逆行列 $(\boldsymbol{X}'\boldsymbol{X})^{-1}$ が存在する．(完全な多重共線性がある

場合は特異行列となり，逆行列は存在せず，$\hat{\boldsymbol{\beta}}$ の推定を行うことはできない.) したがって，

$$\hat{\boldsymbol{\beta}} = (\boldsymbol{X}'\boldsymbol{X})^{-1}\boldsymbol{X}'\boldsymbol{y} \tag{7.19}$$

となり，これが行列とベクトルによる最小二乗推定量の公式となっている．また，当てはめ値，残差および残差の平方和は，

$$\hat{\boldsymbol{y}} = \boldsymbol{X}\hat{\boldsymbol{\beta}} = \boldsymbol{X}(\boldsymbol{X}'\boldsymbol{X})^{-1}\boldsymbol{X}'\boldsymbol{y} \tag{7.20a}$$

$$\boldsymbol{e} = \boldsymbol{y} - \hat{\boldsymbol{y}} = [\boldsymbol{I}_n - \boldsymbol{X}(\boldsymbol{X}'\boldsymbol{X})^{-1}\boldsymbol{X}']\boldsymbol{y} \tag{7.20b}$$

$$S = \boldsymbol{y}'[\boldsymbol{I}_n - \boldsymbol{X}(\boldsymbol{X}'\boldsymbol{X})^{-1}\boldsymbol{X}']\boldsymbol{y} \tag{7.20c}$$

と表すことができる．

7.3.2 最小二乗推定量の性質

式 (7.19) に式 (7.7) を代入すると，

$$\begin{aligned}\hat{\boldsymbol{\beta}} &= (\boldsymbol{X}'\boldsymbol{X})^{-1}\boldsymbol{X}'\boldsymbol{y} \\ &= (\boldsymbol{X}'\boldsymbol{X})^{-1}\boldsymbol{X}'(\boldsymbol{X}\boldsymbol{\beta} + \boldsymbol{u}) \\ &= \boldsymbol{\beta} + (\boldsymbol{X}'\boldsymbol{X})^{-1}\boldsymbol{X}'\boldsymbol{u}\end{aligned} \tag{7.21}$$

となる．したがって，

$$E(\hat{\boldsymbol{\beta}}) = \boldsymbol{\beta} + (\boldsymbol{X}'\boldsymbol{X})^{-1}\boldsymbol{X}'E(\boldsymbol{u}) = \boldsymbol{\beta} \tag{7.22}$$

となり，$\hat{\boldsymbol{\beta}}$ は不偏推定量となっている．また，$\boldsymbol{V}(\hat{\boldsymbol{\beta}}) \equiv E[(\hat{\boldsymbol{\beta}} - \boldsymbol{\beta})(\hat{\boldsymbol{\beta}} - \boldsymbol{\beta})']$ は推定量の分散・共分散を表す $k \times k$ の分散–共分散行列となっている．(対角成分が分散，非対角成分が共分散である.) 式 (7.19) から，

$$\begin{aligned}\boldsymbol{V}(\hat{\boldsymbol{\beta}}) &= E[(\boldsymbol{X}'\boldsymbol{X})^{-1}\boldsymbol{X}'\boldsymbol{u}\boldsymbol{u}'\boldsymbol{X}(\boldsymbol{X}'\boldsymbol{X})^{-1}] = (\boldsymbol{X}'\boldsymbol{X})^{-1}\boldsymbol{X}'E[\boldsymbol{u}\boldsymbol{u}']\boldsymbol{X}(\boldsymbol{X}'\boldsymbol{X})^{-1} \\ &= \sigma^2(\boldsymbol{X}'\boldsymbol{X})^{-1}\end{aligned} \tag{7.23}$$

となる．σ^2 は未知なので，これに $s^2 = \boldsymbol{e}'\boldsymbol{e}/(n-k)$ を代入した

$$\hat{\boldsymbol{V}}(\hat{\boldsymbol{\beta}}) = s^2(\boldsymbol{X}'\boldsymbol{X})^{-1} \tag{7.24}$$

から最小二乗推定量 $\hat{\boldsymbol{\beta}}$ の分散，共分散，標準誤差を推定することができる．

問題 7.1 ベクトルと行列の公式を使って，回帰モデル $Y_i = \beta_1 + \beta_2 X_{2i} + \beta_3 X_{3i} + u_i$ を推定し，推定量の分散–共分散行列を求めよ．データは以下の通りとする．

Y_i	X_{2i}	X_{3i}
3.0	1	3
1.0	2	2
3.3	3	5
2.1	4	7
3.7	5	6
3.1	6	1

7.3.3 回帰残差の平方和の期待値

当てはめ値および回帰残差は，

$$\hat{y} = X\hat{\beta} = Py, \qquad e = y - \hat{y} = My \tag{7.25a}$$

$$P = X(X'X)^{-1}X', \qquad M = I_n - X(X'X)^{-1}X' \tag{7.25b}$$

となる．P と M は，$n \times n$ の対称・べき等行列[*1]で，

$$PX = X, \qquad MX = 0, \qquad PM = 0 \tag{7.26}$$

となる．0 はすべての要素が 0 の行列である．このことから，最小二乗法について幾何的な解釈を行うことができる．y はユークリッド空間での n 次元のベクトルとみなすことができる．これから X の張る部分空間への直交射影を考える．これが $\hat{y}$ であり，それに直交するベクトルが e である．すなわち，最小二乗法は図 7.1 のように，y を直交する 2 つの成分 (X の張る部分空間方向とそれに垂直な方向) に分けていることになる．

ここで，回帰残差の平方和を考えると，M はべき等行列であり，$MX = 0$ であるので

$$\begin{aligned} e'e = y'My &= (X\beta + u)'M(X\beta + u) \\ &= u'Mu \end{aligned} \tag{7.27}$$

となる．したがって，回帰残差の平方和の期待値は，

[*1] $A \cdot A = A^2 = A$ を満たす行列をべき等行列という．

7.3 最小二乗法と最小二乗推定量

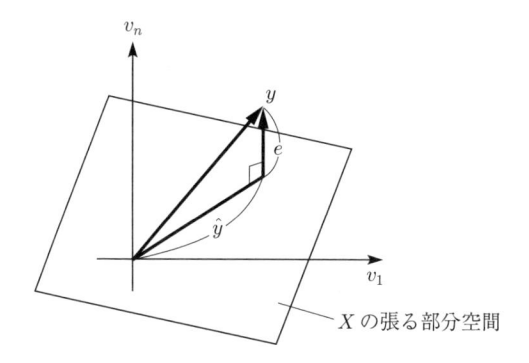

図 7.1 最小二乗法は，y を直交する 2 つの成分 (X の張る部分空間方向とそれに垂直な方向) に分けている．

$$\begin{aligned}
E(e'e) &= E(u'Mu) \\
&= E[\text{tr}\,(u'Mu)] = E[\text{tr}\,(Muu')] = \text{tr}\,[ME(uu')] \\
&= \sigma^2 \text{tr}\,(M) = \sigma^2 \text{tr}\,[I_n - X(X'X)^{-1}X'] \\
&= \sigma^2 \{\text{tr}\,(I_n) - \text{tr}\,[X(X'X)^{-1}X']\} = \sigma^2 \{n - \text{tr}\,[(X'X)^{-1}X'X]\} \\
&= \sigma^2 [n - \text{tr}\,(I_k)] = \sigma^2 (n - k) \tag{7.28}
\end{aligned}$$

となり，回帰残差の平方和を $n-k$ で割った $s^2 = e'e/(n-k)$ が σ^2 の不偏推定量となっている．(tr は行列の対角成分の和であるトレースを意味する．トレースと期待値はいずれも線形オペレータであるので可換である．)

7.3.4 Gauss–Markov の定理の証明

Gauss–Markov の定理は最小二乗推定量 $\hat{\beta}$ が最良線形不偏推定量であるというものである．線形推定量は，

$$\tilde{\beta} = C'y \tag{7.29}$$

と表される．$\tilde{\beta}$ が不偏推定量であるためには，

$$E(\tilde{\beta}) = E(C'X\beta + C'u) = C'X\beta = \beta \tag{7.30}$$

である．このことから，$C'X = I_k$ でなければならないことになる．線形不偏推定量 $\tilde{\beta}$ の分散–共分散行列は，

$$V(\tilde{\boldsymbol{\beta}}) = E[(\tilde{\boldsymbol{\beta}} - \boldsymbol{\beta})(\tilde{\boldsymbol{\beta}} - \boldsymbol{\beta})'] = E(\boldsymbol{C}'\boldsymbol{u}\boldsymbol{u}'\boldsymbol{C}) = \sigma^2 \boldsymbol{C}'\boldsymbol{C} \qquad (7.31)$$

となる.

2つの不偏推定量の分散の比較は分散–共分散行列の差の行列が**半正値定符号行列**[*2]となっているかどうかによって判断する. $\boldsymbol{C}'\boldsymbol{X} = \boldsymbol{I}_k$ であるので,

$$\boldsymbol{C}'\boldsymbol{C} - (\boldsymbol{X}'\boldsymbol{X}) = [\boldsymbol{C}' - (\boldsymbol{X}'\boldsymbol{X})^{-1}\boldsymbol{X}'][\boldsymbol{C}' - (\boldsymbol{X}'\boldsymbol{X})^{-1}\boldsymbol{X}']' \geq 0 \qquad (7.32)$$

となる. したがって, $V(\tilde{\boldsymbol{\beta}}) - V(\hat{\boldsymbol{\beta}}) \geq \boldsymbol{0}$ であり, $\hat{\boldsymbol{\beta}}$ は他のどの線形不偏推定量よりも分散–共分散行列が小さくなり, 最良線形不偏推定量となっている.

7.4 最小二乗推定量の標本分布と検定

7.4.1 推定量, 回帰残差の平方和の分布

いままでの仮定に加えて, u_i は互いに独立で正規分布に従うとする. $\hat{\boldsymbol{\beta}}$ は

$$\hat{\boldsymbol{\beta}} \sim N[\boldsymbol{\beta}, \sigma^2 (\boldsymbol{X}'\boldsymbol{X})^{-1}] \qquad (7.33)$$

となり, k 次元の多変量正規分布に従う. $\boldsymbol{M} = \boldsymbol{I}_n - \boldsymbol{X}(\boldsymbol{X}'\boldsymbol{X})^{-1}\boldsymbol{X}'$ とすると, $\boldsymbol{M}$ はべき等行列なので, その固有値はすべて 1 または 0 となる. トレースは固有値の和であり, $\mathrm{tr}\,\boldsymbol{M} = n - k$ であり, $\boldsymbol{M}$ の固有値は 1 が $n - k$ 個, 0 が k 個となる. 行列 $\boldsymbol{A}$ の固有値 λ, 固有ベクトル $\boldsymbol{h}$ は,

$$\boldsymbol{A}\boldsymbol{h} = \lambda \boldsymbol{h}, \qquad \|\boldsymbol{h}\| = 1 \qquad (7.34)$$

で与えられる定数およびベクトルである. なお, 行列が正値定符号行列であるためにはすべての固有値が正, 半正値定符号行列であるためにはすべての固有値が非負 (0 以上) であることが条件となる.

$\boldsymbol{M}$ は実対称行列なので,

$$\boldsymbol{e}'\boldsymbol{e} = \boldsymbol{u}'\boldsymbol{M}\boldsymbol{u} = \boldsymbol{u}'\boldsymbol{H}\boldsymbol{\Lambda}\boldsymbol{H}'\boldsymbol{u} \qquad (7.35\mathrm{a})$$

[*2] 行列 $\boldsymbol{A}$ が正値定符号行列であるとは, $\boldsymbol{v} \neq \boldsymbol{0}$ である任意の実ベクトルに対して $\boldsymbol{v}'\boldsymbol{A}\boldsymbol{v} > 0$ となること, 半正値定符号行列であるとは $\boldsymbol{v}'\boldsymbol{A}\boldsymbol{v} \geq 0$ となることである.

$$\boldsymbol{\Lambda} = \begin{bmatrix} 1 & & & & & & \\ & \ddots & & & & & \\ & & 1 & & & & \\ & & & 0 & & & \\ & & & & \ddots & & \\ & & & & & 0 \end{bmatrix} \left.\begin{matrix} \\ \\ \end{matrix}\right\}n-k \atop k\left\{\begin{matrix} \\ \\ \end{matrix}\right., \qquad \boldsymbol{H}'\boldsymbol{H} = \boldsymbol{I}_n \qquad (7.35\text{b})$$

と表すことができる.$\boldsymbol{\Lambda}$ は対角要素が固有値からなる対角行列,$\boldsymbol{H}$ は固有ベクトルからなる直交行列である.$\boldsymbol{v} = \boldsymbol{H}'\boldsymbol{u}$ とすると,

$$\boldsymbol{v} \sim N(\boldsymbol{0}, \sigma^2 \boldsymbol{I}_n) \qquad (7.36)$$

となる.これから

$$\boldsymbol{e}'\boldsymbol{e} = \sum_{i=1}^{n-k} v_i^2 \qquad (7.37)$$

となる.v_i は $\boldsymbol{v}$ の要素であり,互いに独立で $N(0, \sigma^2)$ に従う.したがって,$\boldsymbol{e}'\boldsymbol{e}/\sigma^2$ は自由度 $n-k$ の分布 $\chi^2(n-k)$ に従う.

7.4.2 F 検定量の分布

説明変数,回帰係数を 2 つの部分に分けたモデル,

$$\boldsymbol{y} = \boldsymbol{X}_1 \boldsymbol{\beta}_1 + \boldsymbol{X}_2 \boldsymbol{\beta}_2 + \boldsymbol{u} \qquad (7.38)$$

において $H : \boldsymbol{\beta}_2 = \boldsymbol{0}$ の検定を考え,統計検定量 F が帰無仮説のもとで F 分布に従うことを示す.$\boldsymbol{\beta}_2$ は p 次元のベクトルであり,帰無仮説は p 個の条件式からなるとする.帰無仮説が正しい場合,モデルは,

$$\boldsymbol{y} = \boldsymbol{X}_1 \boldsymbol{\beta}_1 + \boldsymbol{u} \qquad (7.39)$$

となる.$\boldsymbol{X}_2$ を説明変数に加えない場合の回帰残差の平方和 S_0 は,

$$S_0 = \boldsymbol{u}' \boldsymbol{M}_1 \boldsymbol{u}, \qquad \boldsymbol{M}_1 = \boldsymbol{I}_n - \boldsymbol{X}_1(\boldsymbol{X}_1'\boldsymbol{X}_1)^{-1}\boldsymbol{X}_1' \qquad (7.40)$$

となる.$\boldsymbol{X}$ を $\boldsymbol{X}_1$ と $\boldsymbol{X}_2$ を合わせた行列,すなわち $\boldsymbol{X} = [\boldsymbol{X}_1, \boldsymbol{X}_2]$ とすると,$\boldsymbol{M}\boldsymbol{X}_1 = \boldsymbol{0}$ であり,すべての説明変数を加えた場合の回帰残差の平方和 S_1 は,

$$S_1 = \boldsymbol{u}' \boldsymbol{M} \boldsymbol{u}, \qquad \boldsymbol{M} = \boldsymbol{I}_n - \boldsymbol{X}(\boldsymbol{X}'\boldsymbol{X})^{-1}\boldsymbol{X}' \qquad (7.41)$$

である.したがって,帰無仮説のもとで2つの残差の平方和の差 $S_0 - S_1$ は,

$$S_0 - S_1 = u'(M_1 - M)u \tag{7.42}$$

となる.ここで,$M_1 M = M M_1 = M$ であり,$(M_1 - M)(M_1 - M) = M_1 - M$ で,$M_1 - M$ は対称・べき等行列となる.また,$\mathrm{tr}(M_1 - M) = p$ である.したがって,前項とまったく同様の議論によって,$(S_0 - S_1)/\sigma^2$ は自由度 p の分布,$\chi^2(p)$ に従うこととなる.

S_1/σ^2 は帰無仮説,対立仮説のいずれの仮説のもとにおいても自由度 $n - k$ の χ^2 分布 $\chi^2(n - k)$ に従う.ここで,

$$E[(M_1 - M)uu'M] = \sigma^2(M - M) = 0 \tag{7.43}$$

であり,$(M_1 - M)u$,Mu のそれぞれの要素の共分散はすべて0となる.$(M_1 - M)u$,Mu は多変量正規分布に従うので独立となり,それぞれの関数である $S_0 - S_1$ と S_1 は独立となる.

したがって,帰無仮説のもとで

$$F = \frac{(S_0 - S_1)/p}{S_1/(n - k)} \tag{7.44}$$

は自由度 $(p, n - k)$ の F 分布,$F(p, n - k)$ に従う.

7.4.3 一部の回帰係数の推定

これまでは,すべての回帰係数を同時に推定したが,一部の係数のみを推定することが可能である.

$$y = X_1 \beta_1 + X_2 \beta_2 + u \tag{7.45}$$

において,β_2 のみを推定してみる.式 (7.45) の M_1 を両辺に掛けると,$M_1 X_1 = 0$ であるから,

$$y^* = X_2^* \beta_2 + u^*, \quad y^* = M_1 y, \quad X_2^* = M_1 X_2, \quad u^* = M_1 u \tag{7.46}$$

となる.この式から最小二乗法によって β_2 を求めると

$$\hat{\beta}_2 = (X_2^{*\prime} X_2^*)^{-1} X_2^{*\prime} y^* \tag{7.47}$$

となるが，これはすべての回帰係数を同時に求めた場合の β_2 の推定結果と同一である．このことは，最小二乗法が，他の変数の影響をどのように取り除いているかを説明している．いま，簡単のため，

$$Y_i = \beta_1 + \beta_2 X_{2i} + \beta_3 X_{3i} + u_i \tag{7.48}$$

を考える．まず，Y_i を定数項と X_{3i} で回帰し，その回帰残差を求める．これは，Y_i において X_{3i} の影響を取り除いた部分と考えられる．次に X_{2i} を定数項と X_{3i} で回帰し，その回帰残差を求める．最後に，Y_i の回帰残差を X_{2i} の回帰残差で回帰し，推定量を求める．(定数項を含まないモデルとなる．) これは，X_{3i} の影響を取り除いた部分間の関係であるので X_{2i} の純粋な影響となるが，上記の議論から，すべての変数を加えた場合の β_2 の最小二乗推定量と一致する．

7.4.4 分散–共分散行列を使った仮説検定

これまでは，1 つの回帰係数に関する仮説 $H_0 : \beta_j = a$ の t 検定について考えてきた．分散–共分散行列を使うと，いままで行うことができなかった複数の回帰係数の線形関数からなる仮説の検定を行うことが可能となる．いま，r を k 次元のベクトルとし，帰無仮説として，

$$H_0 : r'\boldsymbol{\beta} = a \tag{7.49}$$

を考える．たとえば，$H_0 : \beta_2 + \beta_3 = 1$ や $H_0 : \beta_2 - \beta_2 = 0$ などである．

$r'\hat{\boldsymbol{\beta}}$ の分散は，

$$V(r'\hat{\boldsymbol{\beta}}) = E[r'(\hat{\boldsymbol{\beta}} - \boldsymbol{\beta})(\hat{\boldsymbol{\beta}} - \boldsymbol{\beta})'r] = r'V(\hat{\boldsymbol{\beta}})r \tag{7.50}$$

となる．帰無仮説のもとで，

$$t = \frac{r'\hat{\boldsymbol{\beta}} - a}{\sqrt{r'\hat{V}(\hat{\boldsymbol{\beta}})r}} = \frac{r'\hat{\boldsymbol{\beta}} - a}{s\sqrt{r'(X'X)^{-1}r}} \tag{7.51}$$

は自由度 $n-k$ の t 分布に従うので，これを使って t 検定を行うことができる．たとえば，$H_0 : \beta_2 + \beta_3 = 1$ の場合，$\hat{\beta}_2, \hat{\beta}_3$ の分散，共分散を求め，

$$t = \frac{\hat{\beta}_2 + \hat{\beta}_3 - 1}{\sqrt{\hat{V}(\hat{\beta}_2) + \hat{V}(\hat{\beta}_3) + 2\widehat{\mathrm{cov}}(\hat{\beta}_2, \hat{\beta}_3)}} \tag{7.52}$$

を検定統計量として検定を行う．

7.4.5 予測の信頼区間

非説明変数 Y_i の $i > n$, すなわち, 標本に含まれない i における予測を考えてみる. 説明変数は決まった値が与えられており, $\boldsymbol{x}'_i = [1, X_{2i}, X_{3i}, \cdots, X_{ki}]$ であるとする. 予測は,

$$\hat{Y}_i = \boldsymbol{x}'_i \hat{\boldsymbol{\beta}} \tag{7.53}$$

で行う. これは**最良線形不偏予測量**となっている.

この予測誤差を評価するため, 予測の信頼区間を求めてみる. $\hat{Y}_i = \boldsymbol{x}'_i \hat{\boldsymbol{\beta}}$ の分散は,

$$V(\boldsymbol{x}'_i \hat{\boldsymbol{\beta}}) = \boldsymbol{x}'_i \boldsymbol{V}(\hat{\boldsymbol{\beta}}) \boldsymbol{x}_i = \sigma^2 \boldsymbol{x}'_i (\boldsymbol{X}'\boldsymbol{X})^{-1} \boldsymbol{x}_i \tag{7.54}$$

となる. $Y_i = \boldsymbol{x}'_i \boldsymbol{\beta} + u_i$ であり, 予測誤差は,

$$\varepsilon_i = Y_i - \hat{Y}_i = \boldsymbol{x}'_i (\boldsymbol{\beta} - \hat{\boldsymbol{\beta}}) + u_i \tag{7.55}$$

で, $E(\varepsilon_i) = 0$ である. また, $i > n$ であるので, $\hat{\boldsymbol{\beta}}$ と u_i は独立で,

$$V(\varepsilon_i) = \boldsymbol{x}'_i \boldsymbol{V}(\hat{\boldsymbol{\beta}}) \boldsymbol{x}_i + \sigma^2 = \sigma^2 [1 + \boldsymbol{x}'_i (\boldsymbol{X}'\boldsymbol{X})^{-1} \boldsymbol{x}_i] \tag{7.56}$$

となり,

$$t = \frac{Y_i - \hat{Y}_i}{\sqrt{\boldsymbol{x}'_i \hat{\boldsymbol{V}}(\hat{\boldsymbol{\beta}}) \boldsymbol{x}_i + s^2}} = \frac{Y_i - \hat{Y}_i}{s\sqrt{1 + \boldsymbol{x}'_i (\boldsymbol{X}'\boldsymbol{X})^{-1} \boldsymbol{x}_i}} \tag{7.57}$$

は自由度 $n-k$ の t 分布 $t(n-k)$ に従う. したがって, Y_i の予測の信頼係数 $1-\alpha$ の信頼区間は

$$\begin{aligned}
\text{下限} &= \boldsymbol{x}'_i \hat{\boldsymbol{\beta}} - t_{\alpha/2}(n-k) \sqrt{\boldsymbol{x}'_i \hat{\boldsymbol{V}}(\hat{\boldsymbol{\beta}}) \boldsymbol{x}_i + s^2} \\
&= \boldsymbol{x}'_i \hat{\boldsymbol{\beta}} - t_{\alpha/2}(n-k) s \sqrt{1 + \boldsymbol{x}'_i (\boldsymbol{X}'\boldsymbol{X})^{-1} \boldsymbol{x}_i}
\end{aligned} \tag{7.58a}$$

$$\begin{aligned}
\text{上限} &= \boldsymbol{x}'_i \hat{\boldsymbol{\beta}} + t_{\alpha/2}(n-k) \sqrt{\boldsymbol{x}'_i \hat{\boldsymbol{V}}(\hat{\boldsymbol{\beta}}) \boldsymbol{x}_i + s^2} \\
&= \boldsymbol{x}'_i \hat{\boldsymbol{\beta}} + t_{\alpha/2}(n-k) s \sqrt{1 + \boldsymbol{x}'_i (\boldsymbol{X}'\boldsymbol{X})^{-1} \boldsymbol{x}_i}
\end{aligned} \tag{7.58b}$$

となる.

7.5 ベクトルと行列を使った分析の例

表 6.1 のデータを使って, 式 (6.65) の回帰モデルを行列を用いて推定する. (なお, このような行列計算にはコンピュータの利用が不可欠であるが, これについ

7.5 ベクトルと行列を使った分析の例

ては，巻末の参考文献 [52] などを参照.) ここで,

$$\boldsymbol{X}'\boldsymbol{X} = \begin{bmatrix} 120 & 1860 & 30 & 30 & 30 \\ 1860 & 37820 & 465 & 465 & 465 \\ 30 & 465 & 30 & 0 & 0 \\ 30 & 465 & 0 & 30 & 0 \\ 30 & 465 & 0 & 0 & 30 \end{bmatrix} \tag{7.59a}$$

$$(\boldsymbol{X}'\boldsymbol{X})^{-1} = \begin{bmatrix} 0.060057 & -0.00172 & -0.03333 & -0.03333 & -0.03333 \\ -0.00172 & 0.000111 & 0 & 0 & 0 \\ -0.03333 & 0 & 0.066667 & 0.033333 & 0.033333 \\ -0.03333 & 0 & 0.033333 & 0.066667 & 0.033333 \\ -0.03333 & 0 & 0.033333 & 0.033333 & 0.066667 \end{bmatrix} \tag{7.59b}$$

$$\boldsymbol{X}'\boldsymbol{y} = \begin{bmatrix} 165796.5 \\ 2594322.5 \\ 38368.5 \\ 48369.5 \\ 33196.0 \end{bmatrix} \tag{7.59c}$$

であるから,

$$\hat{\boldsymbol{\beta}} = (\boldsymbol{X}'\boldsymbol{X})^{-1}\boldsymbol{X}'\boldsymbol{y} = \begin{pmatrix} 1486.55 \\ 2.7227 \\ -249.80 \\ 83.58 \\ -422.2 \end{pmatrix} \tag{7.60}$$

となる．また，推定量の分散–共分散行列は,

$$\hat{\boldsymbol{V}}(\hat{\boldsymbol{\beta}}) = s^2(\boldsymbol{X}'\boldsymbol{X})^{-1}$$

$$= \begin{bmatrix} 4099.40 & -117.68 & -2275.06 & -2275.06 & -2275.06 \\ -117.68 & 7.5920 & 0 & 0 & 0 \\ -2275.06 & 0 & 4550.13 & 2275.06 & 2275.07 \\ -2275.06 & 0 & 2275.07 & 4550.13 & 2275.07 \\ -2275.06 & 0 & 2275.07 & 2275.07 & 4550.13 \end{bmatrix} \tag{7.61}$$

で推定される．これより，2020 年の福岡の降水量の予測，その信頼区間 (信頼係数 $1 - \alpha = 95\%$) を求めると，$\bm{x}'_i = [1, 40, 0, 1, 0]$ であるから，

$$\hat{Y}_i = \bm{x}'_i \hat{\bm{\beta}} = 1679.0 \tag{7.62a}$$

$$\begin{aligned}\text{下限} &= \bm{x}'_i \hat{\bm{\beta}} - t_{\alpha/2}(n-k)\sqrt{\bm{x}'_i \hat{\bm{V}}(\hat{\bm{\beta}})\bm{x}_i + s^2} \\ &= 1679.0 - 1.9808\sqrt{6832.2 + 68251.9} = 1136.3\end{aligned} \tag{7.62b}$$

$$\begin{aligned}\text{上限} &= \bm{x}'_i \hat{\bm{\beta}} + t_{\alpha/2}(n-k)\sqrt{\bm{x}'_i \hat{\bm{V}}(\hat{\bm{\beta}})\bm{x}_i + s^2} \\ &= 1679.0 + 1.9808\sqrt{6832.2 + 68251.9} = 2221.8\end{aligned} \tag{7.62c}$$

である．

問題 7.2 表 6.1 のデータを使って式 (6.65) の回帰モデルをベクトルと行列を用いて推定し，推定量の分散–共分散行列を求めよ．また，推定結果から 2020 年の札幌の降水量の予測を行い，信頼係数 $1 - \alpha = 95\%$ の信頼区間を求めよ．

付録 A 確率空間と確率変数，収束の定義

ここでは，確率空間と確率変数の数学的な定義について述べ，ついで，収束の概念について説明する．これらは，収束や漸近理論などを考える場合，必要となってくるものである．

A.1 確率空間

ここでは，まず，確率空間の定義について説明する．

A.1.1 σ 集合体と可測空間

これまでと同様，(起こりうることがら全体の集合である) 標本空間を Ω で表す．標本空間は，コイン投げやサイコロ投げなどのように有限個の要素 (これを標本点とよぶ) からなるケースでだけでなく，実数の集合 $\boldsymbol{R} = (-\infty, \infty)$，(0,1] の区間，1章で説明したベン図のように面積が 1 の長方形など，無限の標本点を含む場合がある．(なお，標本空間は仮想的なものであるので，とりうる値とは適当な対応関係があれば良く，とりうる値の集合である必要はない．この対応関係を与えるのが確率変数である．) 事象は，Ω の部分集合であるとしたが，任意の部分集合で良いわけではなく，数学的に矛盾なく体系を組み立てるための制限がある．まず，Ω の部分集合の集まりとして σ **集合体**を次のように定義する．

定義 A.1 Ω の部分集合の集まり $\mathcal{F}$ が次の性質を満たすとき，$\mathcal{F}$ を Ω 上の σ **集合体**とよぶ．

(a) $\Omega \in \mathcal{F}$
(b) $A \in \mathcal{F} \Rightarrow A^c \in \mathcal{F}$
(c) $A_i \in \mathcal{F} \; (i = 1, 2, \cdots) \Rightarrow \bigcup_{i=1}^{\infty} A_i \in \mathcal{F}$

事象は，$\mathcal{F}$ に含まれる要素であるとする．この定義から，$A_i \in \mathcal{F} \; (i = 1, 2, \cdots)$

の場合，積事象 $\bigcap_{i=1}^{\infty} A_i$ も $\mathcal{F}$ に含まれる．

最も簡単な σ 集合体は，Ω 自身と空事象 $\emptyset$ からなる $\mathcal{F}_1 = \{\emptyset, \Omega\}$ である．任意の $A \subset \Omega$ に対して，$\mathcal{F}_2\{\emptyset, A, A^c, \Omega\}$ も σ-集合体となる．また，Ω のすべての部分集合の集まりを考えると，これは，定義を満たし σ 集合体となる．

コインやサイコロ投げのように，有限または可算個の標本点からなる場合，Ω のすべての部分集合の集まりを σ 集合体とすれば良く，これを使って分析を行うことができる．一般に Ω が N 個の標本点を含むとすると，(部分集合は各標本点を含むか含まないかのいずれかであるので) $\mathcal{F}$ は 2^N 個の標本点からなる．たとえば，$\Omega = \{0, 1, 2\}$ とすると，$\mathcal{F} = \{\emptyset, \{0\}, \{1\}, \{2\}, \{0,1\}, \{0,2\}, \{1,2\}, \Omega\}$ となる．

このほか，重要なものとして，$\Omega = \mathbf{R}$ と $\Omega = (0, 1]$ の場合がある．この場合，標本点は無限個 (点の密度が高すぎ，可算でもない) であるため，すべての部分集合の集まりを考えると，フィールドが大きすぎて確率をうまく定義できない．このため，$\mathcal{B}$ は Ω に含まれるすべての半開区間 $(a, b]$ を含む最小の σ 集合体を選ぶ．この σ 集合体は，($(0, 1]$ の場合は単位区間の) **Borel** (ボレル) **集合体**とよばれている．Borel 集合体は，半開区間のほか，各点 $\{a\}$，開区間 (a, b)，閉区間 $[a, b]$ などを含む．Ω と $\mathcal{F}$ の組 $(\Omega, \mathcal{F})$ は，**可測空間**とよばれる．

A.1.2　確率測度と確率空間

前項で述べた可測空間を $(\Omega, \mathcal{F})$ とする．数学的には，確率とは，$\mathcal{F}$ の各要素に 0 から 1 までの値を与えることと考えることができる．数学的に矛盾なく体系を組み立てるために，次の条件を満足するように確率測度 P を定義する．

定義 A.2　次の条件を満たす実関数を**確率測度**とよぶ．

(a) すべての $A \in \mathcal{F}$ に対して，$0 \leq P(A) \leq 1$．
(b) $P(\Omega) = 1$
(c) 互いに排反である可算個の事象 $A_1, A_2, \cdots \in \mathcal{F}$ に対して，

$$P\left(\bigcup_{i=1}^{\infty} A_i\right) = \sum_{i=1}^{\infty} P(A_i)$$

Ω が有限または可算個の標本点からなる場合，合計が1となるように各標本点に0から1までの適当な値を割り振ることによって，確率測度 P を定義することができる．$\Omega = \boldsymbol{R}$ では，F を適当な分布関数 [単調増加で，$F(-\infty) = 0, F(\infty) = 1$ となる右連続の関数] とし，$A = (a, b]$ の場合，$P(A) = F(b) - F(a)$ として確率測度を定義する．また，$\Omega = (0, 1]$ の場合は，確率測度 P として，対象とする事象に含まれる区間の長さの合計を考える．[$A = (a, b]$ の場合，$P(A) = b - a$ とする．このような測度は **Lebesgue** (ルベーグ) **測度**とよばれている．] このようにすれば，確率を矛盾なく定義することができる．

定義 A.3 標本空間 Ω，Ω 上の σ 集合体 $\mathcal{F}$，確率測度 P の組 $(\Omega, \mathcal{F}, P)$ を**確率空間**とよぶ．

A.2　確率変数と可測関数

ここでは，確率変数と可測関数の数学的な定義について説明する．

A.2.1　確　率　変　数

確率変数 X は，Ω 上の実数値をとる関数であり，次のように定義される．

定義 A.4 確率空間を $(\Omega, \mathcal{F}, P)$ とする．Ω 上で定義され，実数値をとる関数 (Ω から実数の集合 $\boldsymbol{R}$ への関数) が，任意の実数値 $x \in \boldsymbol{R}$ において，

$$\{\omega : X(\omega) \leq x\} \in \mathcal{F} \tag{A.1}$$

となる場合，これを**確率変数**とよぶ．

ここで，$\mathcal{B}_R$ を $\boldsymbol{R}$ 上の Borel 集合体とする．$X(\omega)$ が確率変数となるための必要十分条件は，$B \in \mathcal{B}_R$ であるすべての B に対して，

$$\{\omega : X(\omega) \in B\} \in \mathcal{F} \tag{A.2}$$

となることである．すなわち，確率変数とは $\boldsymbol{R}$ から Ω への逆写像 $X^{-1}(B)$ が任意の $B \in \mathcal{B}_R$ において可測 (確率を定義できる) となる関数である．

A.2.2 可測関数

われわれは，しばしば，確率変数の関数変換を行うが，このとき，関数は可測でなければならない． R から R への関数を考えると**可測関数**は次のように定義される．(可測関数は一般の可測空間に拡張可能であるが，本書では R から R への関数のみを考える．)

定義 A.5 g を R から R の関数とする．このとき，任意の $B \in \mathcal{B}_R$ に関して

$$\{x : g(x) \in B\} \in \mathcal{B}_R \tag{A.3}$$

すなわち，g の逆関数 g^{-1} が

$$g^{-1}(B) \in \mathcal{B}_R \tag{A.4}$$

となる場合，g を R から R への**可測関数**とよぶ．

X が確率変数，g が R から R への可測関数である場合，$Y = g(X)$ とすると，Y の Ω への逆写像 $Y^{-1}(B)$ は任意の $B \in \mathcal{B}_R$ に対して可測となるので，Y も確率変数となる．

A.2.3 $\Omega = (0, 1]$ の確率空間

これまでは，標本空間 Ω を厳密に定義せず，(暗黙のうちに) 確率変数のとりうる値の集合を考えてきた．しかしながら，標本空間は確率変数のとりうる値の集合と一致する必要はない．対象によって標本空間や確率測度を変えるより，これを固定し，確率変数のとりうる値の集合とは別のものであってもよいことを明確にして説明した方が，確率変数や確率空間の本質的な理解に役立つと考えられる．

ここで，標本空間として，$\Omega = (0, 1]$，σ 集合体 $\mathcal{F}$ として Ω 上の Borel 集合体，確率測度 P として (事象に含まれる区間の長さの合計である) Lebesgue 測度を考える．この確率空間を使えば，すべての確率変数は，定義可能である．離散型の変数でとりうる値が有限個または可算個の場合，たとえば，コイン投げでは，確率変数は，

$$X(\omega) = \begin{cases} 0 & \left(\omega \in \left(0, \frac{1}{2}\right]\right) \\ 1 & \left(\omega \in \left(\frac{1}{2}, 1\right]\right) \end{cases} \tag{A.5}$$

とすれば良く，また，サイコロ投げでは，

$$X(\omega) = i, \quad \omega \in \left(\frac{i-1}{6}, \frac{i}{6}\right] \quad (i = 1, 2, \cdots, 6) \tag{A.6}$$

とすれば良いことになる．また，連続型の変数で，その分布関数が $F(x)$ である場合，

$$X(\omega) = F^{-1}(\omega) \tag{A.7}$$

とすれば良いことになる．

また，$X(\omega)$ が式 (A.5) で与えられる場合，

$$Y(\omega) = \begin{cases} 0 & \left(\omega \in \left(0, \frac{1}{4}\right] \cup \left(\frac{3}{4}, 1\right]\right) \\ 1 & \left(\omega \in \left(\frac{1}{4}, \frac{3}{4}\right]\right) \end{cases} \tag{A.8}$$

とすると，$X(\omega)$ と $Y(\omega)$ は独立となるが，

$$Y(\omega) = \begin{cases} 0 & \left(\omega \in \left(0, \frac{1}{3}\right] \cup \left(\frac{5}{6}, 1\right]\right) \\ 1 & \left(\omega \in \left(\frac{1}{3}, \frac{5}{6}\right]\right) \end{cases} \tag{A.9}$$

の場合は独立とはならない．

以後，この確率空間を使って説明を行う．

A.3　収束の定義

いま，確率変数の列 $X_1, X_2, X_3, \cdots$ があるとする．(以後のこの確率変数の列を $\{X_n\}$ と表す．) この列がある確率変数 X に近づいていくことを収束とよぶ．

定義 A.6 通常の (確率変数でない) 数列 $x_1, x_2, x_3, \cdots$ が x に収束するということは，任意の $\varepsilon > 0$ に対して，適当な n_0 が存在し，$n > n_0$ の場合，$|x_n - x| < \varepsilon$ となることで，

$$\lim_{n \to \infty} x_n = x \tag{A.10}$$

と表す．

一方，確率変数の場合は 1 通りの定義でなく，A.3.1〜A.3.4 節のような 4 つの収束の概念が存在する．

なお，確率変数は正確には $\omega \in \Omega$ の関数で $X(\omega)$ であるが，表記を簡単にするため，必要のない限り，(ω) を省略して単に X と表す．

A.3.1 概　　収　　束

定義 A.7

$$P\left[\omega : \lim_{n\to\infty} X_n(\omega) = X(\omega)\right] = 1 \tag{A.11}$$

が成り立つ場合，$\{X_n\}$ は X に**概収束**する，**ほとんど確実に収束する**，あるいは，**確率 1 で収束する**とよぶ．ω は標本空間 Ω に含まれる標本点である．

概収束する場合，

$$\lim_{n\to\infty} X_n = X, \text{ a.s.} \tag{A.12}$$

または

$$X_n \xrightarrow{\text{a.s.}} X$$

などと表す．

　概収束は，他の収束に比べて理解しにくい定義であるので，説明を加えておく．標本点 ω を固定すると，$\{X_n(\omega)\}$ は通常の数列とみなすことができるので，式 (A.10) の収束の定義を当てはめることができる．したがって，標本点ごとに $X(\omega)$ に収束するかどうかを決めることができる．いま，標本空間 Ω において，$\{X_n(\omega)\}$ が $X(\omega)$ に収束する標本点の集合を Ω_0 とすると，

$$\Omega_0 = \left\{\omega : \lim_{n\to\infty} X_n(\omega) = X(\omega)\right\} \tag{A.13}$$

である．一番強い概念は，Ω に含まれるすべての標本点で収束すること，すなわち，

$$\Omega_0 = \Omega$$

となることであるが，この概念は強すぎて，多くの基本的な例さえも除外されてしまう．確率 0 の事象 (起こらないこと) は，考慮してもしなくても同じであるとみなすことができる．すなわち，確率 1 で起こるものは，Ω と事実上同一であると考えることができ，

$$P(\Omega_0) = 1 \tag{A.14}$$

であれば，Ω_0 は Ω と等しくなくとも，十分であることになる．これを満たすものが概収束である．

A.3.2 確率収束

定義 A.8 任意の $\varepsilon > 0$ に対して，
$$\lim_{n \to \infty} P(|X_n - X| > \varepsilon) = 0 \tag{A.15}$$
の場合，$\{X_n\}$ は X に**確率収束**するとよぶ．

この定義は，わかりやすく，収束するとは，$\{X_n\}$ と X が任意の $\varepsilon > 0$ より大きく離れている確率は 0 になることを表している．確率収束する場合，
$$\plim_{n \to \infty} X_n = X \quad \text{または} \quad X_n \xrightarrow{P} X \tag{A.16}$$
などと表す．確率変数の収束では，通常，この確率収束を考える．たとえば，真のパラメータ値に確率収束する推定量を一致推定量とよぶ．

A.3.3 平均収束

定義 A.9 X_n, X の r 次のモーメントが存在するとする．このとき，$r \geq 1$ に対して，
$$\lim_{n \to \infty} E(|X_n - X|^r) = 0 \tag{A.17}$$
が成り立つとき，$\{x_n\}$ は X に r **次平均収束**するとよぶ．特に $r = 2$ の場合，平均収束するとよぶ．

A.3.4 法則収束

定義 A.10 X_n, X の分布関数を $F_n(x), F(x)$ とすると，F の任意の連続点 x で，
$$\lim_{n \to \infty} F_n(x) = F(x) \tag{A.18}$$
となる場合，X_n は X に**法則収束**するまたは，**分布収束**するとよび，
$$X_n \xrightarrow{D} X \tag{A.19}$$

と表す．

この定義は，分布の収束を意味し，他の定義と異なり，X_n と X が (何らかの意味で) 近づくことを意味しない．たとえば，X が標準正規分布 $N(0,1)$ に従うとし，(すべての n に対して) $X_n = (-1)^n X$ とする．この場合，X_n の累積分布関数は X と同一であるが，$|X_n - X|$ は n が奇数の場合 $2|X|$ となり，0 には近づかない．これは，収束の弱い概念となっており，法則収束する場合を**弱収束**するともよぶ．

A.3.5 収束間の関係

前節では，4 つの確率変数列の収束の定義について説明したが，4 つの定義間には次の関係がある．(一般に逆は成り立たない．)

(1) 概収束する場合，確率収束する．
(2) (2 次) 平均収束する場合，確率収束する．
(3) 確率収束する場合，法則収束する．ただし，定数 α に収束する場合は，任意の $\varepsilon > 0$ に対して，

$$P(|X_n - \alpha| \leq \varepsilon) > F_n(\alpha+\varepsilon) - F_n(\alpha-\varepsilon), \quad \lim_{n \to \infty}[F_n(\alpha+\varepsilon) - F_n(\alpha-\varepsilon)] = 1$$

であるから，確率収束と法則収束は同一となる．
(4) 概収束しても平均収束するとは限らないし，平均収束しても概収束するとは限らない．すなわち，図 A.1 のような関係となる．

```
概収束              平均収束
    ↘          ↙
      確率収束
         ↓
      法則収束
```

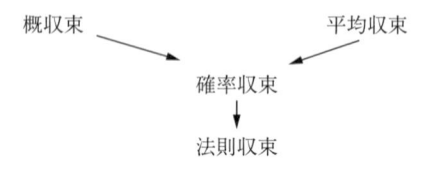

図 **A.1**　4 つの収束間の関係

A.3.6　概収束，確率収束，平均収束の例

ここでは，概収束，確率収束，平均収束の違いについて，簡単な例によって説明する．確率空間 $(\Omega, \mathcal{F}, P)$ として，$\Omega = (0,1]$, $\mathcal{F}$ を Ω 上の Borel 集合体，P を Lebesgue 測度とする．確率変数として，

$$X_n(\omega) = \begin{cases} 1 & \left(\omega \in \left(0, \frac{1}{n}\right]\right) \\ 0 & (それ以外の\ \omega) \end{cases} \tag{A.20}$$

とする．この場合，$\omega = 0$ 以外では $\lim_{n \to \infty} X_n(\omega) = 0$ を満足するので，$\{X_n(\omega)\}$ は $(0,1]$ で 0 に収束する．したがって，$\{X_n\}$ は 0 に概収束する．(当然，確率収束する．)

次に，$k_0 = 0$, $k_n = \sum_{i=1}^{n}(1/i)$ とし，$\bar{k}_n$ を $\sum_{i=1}^{n}(1/i)$ より小さい最大の整数とする．A_n を，$k_{n-1} \geq \bar{k}_n$ の場合には $(k_{n-1} - \bar{k}_n, k_n - \bar{k}_n]$, $k_{n-1} < \bar{k}_n$ の場合には $(k_{n-1} - \bar{k}_n - 1, 1] \cup (0, k_n - \bar{k}_n]$ とする．このとき，図 A.2 のように $Y_n(\omega)$ を

$$Y_n(\omega) = \begin{cases} 1 & (\omega \in A_n) \\ 0 & (それ以外の\ \omega) \end{cases} \tag{A.21}$$

とする．A_n に含まれる区間の長さの合計は $1/n$ であるので，

$$P(Y_n = 0) = 1 - P(A_n) = 1 - \frac{1}{n} \tag{A.22}$$

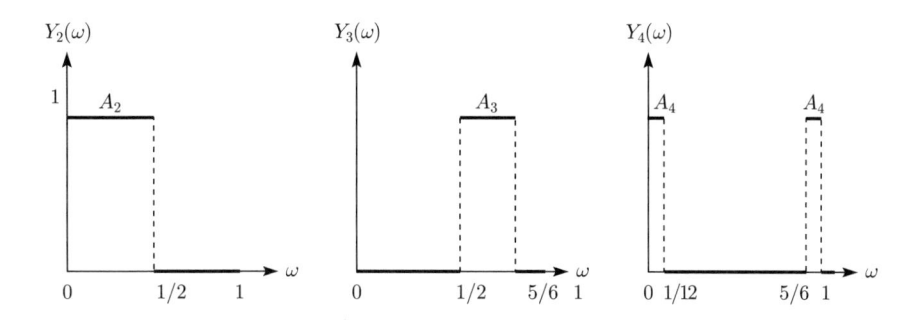

図 **A.2**　A_n に含まれる区間の長さの合計が $1/n$ であり，その区間が (重ならずに) 移動していく確率変数を考える．

となり，$\{Y_n\}$ は 0 に確率収束する．しかしながら，k_n は $n \to \infty$ の場合，無限大となり，すべての $\omega \in \Omega$ に関して，$\lim_{n \to \infty} Y_n(\omega) = 0$ とはならない．[すべての $\omega \in \Omega$ において，どのように大きな n_0 に対しても，$Y_n(\omega) = 1$ $(n > n_0)$ となる n が存在する．] したがって，

$$P\left[\omega : \lim_{n \to \infty} Y_n(\omega) = 0\right] = 0 \tag{A.23}$$

で，概収束しない．

われわれが観測することができるのは，1つの標本点 ω の値に対応した値である．概収束では，十分大きな n を考えれば，$X_n(\omega)$ の値が $X(\omega)$ と大きく異なることはない．しかしながら，確率収束では，前記の $\{Y_n\}$ のように，どのように大きな n に対しても両者の値が大きくなる場合がありえる．(n が大きくなるに従い，その頻度は少なくなっていくが．) また，$E(Y_n{}^2) = 1/n$ であるから $\{Y_n\}$ は 0 に平均収束するので，これは平均収束しても概収束しない例ともなっている．

なお，$\{Y_n\}$ の例において，

$$k_n = \sum_{i=1}^{n} \left(\frac{1}{i}\right)^{1+\delta} \qquad (\delta > 0) \tag{A.24}$$

とすると k_n は有限の値に収束するので，今度は，$\{Y_n\}$ は概収束することになる．

さらに

$$Z_n(\omega) = \begin{cases} n & \left(\omega \in \left(0, \dfrac{1}{n}\right]\right) \\ 0 & (\text{それ以外の } \omega) \end{cases} \tag{A.25}$$

とすると，Z_n は 0 に概収束する．しかしながら，$E(Z_n{}^2) = n$ であるから平均収束しない．

A.4 確率収束に関する定理

A.4.1 Chebyshev の不等式

確率収束を示すのに広く使われるのが，Chebyshev の不等式である．

定理 A.1 Z を 2 次のモーメントが存在する確率変数とする．関数の分布によらず，任意の $\varepsilon > 0$ に対して，

$$P(|Z| > \varepsilon) \leq \frac{E(Z^2)}{\varepsilon^2} \tag{A.26}$$

となるが，これは **Chebyshev** (チェビシェフ) の**不等式**とよばれている．

X が平均 μ，分散 σ^2 の確率変数の場合，$Z = X - \mu$ とおくと，式 (A.26) は，

$$P(|X - \mu| > \varepsilon) \leq \frac{\sigma^2}{\varepsilon^2} \tag{A.27}$$

となり，確率変数の平均と分散の関係を (X の分布によらず) 求めることができる．

なお，式 (A.26) は連続な負の値をとらない任意の関数 g に対して，一般化することができ，

$$P(g(Z) > \varepsilon) \leq \frac{E[g(Z)^2]}{\varepsilon^2} \tag{A.28}$$

となる．

Chebyshev の不等式の証明は以下の通りである．

(証明) $S = \{z : |z| > \varepsilon\}$ とすると，

$$E(Z^2) = \int_{-\infty}^{\infty} z^2 \mathrm{d}F(z) \geq \int_S z^2 \mathrm{d}F(z) \geq \varepsilon^2 \int_S \mathrm{d}F(z) = \varepsilon^2 P(|Z| > \varepsilon) \tag{A.29}$$

である． ∎

Chebyshev の不等式を使うと，平均収束するならば，確率収束する，ということをただちに示すことができる．すなわち，$Z = X_n - X$ とおくと，

$$P(|X_n - X| \geq \varepsilon) \leq \frac{E[(X_n - X)^2]}{\varepsilon^2} \tag{A.30}$$

である．平均収束する場合は右辺 $\to 0$ であり，確率収束することになる．

A.4.2 確率変数の一方が定数に収束する場合の収束

α を定数として，$X_n \xrightarrow{D} X, Y_n \xrightarrow{P} \alpha$ の場合，

$$X_n + Y_n \xrightarrow{D} X + \alpha \tag{A.31a}$$

$$X_n Y_n \xrightarrow{D} \alpha X \tag{A.31b}$$

$$X_n / Y_n \xrightarrow{D} X / \alpha \quad (\alpha \neq 0) \tag{A.31c}$$

となる．

参 考 文 献

全　般

[1] 杉山高一，杉浦成昭，国友直人，藤越康祝 編：統計データ科学事典，朝倉書店，2007.
[2] 竹内　啓(代表編集者)：統計学辞典，東洋経済新報社，1989.
[3] 東京大学教養学部統計学教室 編：統計学入門，東京大学出版会，1991.
[4] 東京大学教養学部統計学教室 編：自然科学の統計学，東京大学出版会，1992.
[5] 東京大学教養学部 編：人文・社会科学の統計学，東京大学出版会，1994.
[6] 蓑谷千凰彦，縄田和満，和合　肇 編：計量経済学ハンドブック，朝倉書店，2007.
[7] R. V. Hogg, J. W. McKean, A. T. Craig (豊田秀樹 訳)：数理統計学ハンドブック，朝倉書店，2006.
[8] 広中平祐 編：現代数理科学事典，第2版，丸善，2009.

1　章

[9] 大村　平：確率のはなし，改訂版，日科技連出版社，2002.
[10] 工藤昭夫，上村秀樹：共立数学講座 5，統計数学，共立出版，1983.
[11] A. N. コルモゴロフ(坂本　實 訳)：ちくま学芸文庫，確率論の基礎概念，筑摩書房，2010.
[12] 中塚利直：応用のための 確率論入門，岩波書店，2010.
[13] 服部哲也：理工系の確率・統計入門，第3版，学術出版社，2010.
[14] 柳川　堯：現代数学ゼミナール，統計数学，近代科学社，1990.

2　章

[15] 小寺平治：明解演習シリーズ，明解演習 数理統計，共立出版，1986.
[16] 新納浩幸：数理統計学の基礎—よくわかる予測と確率変数，森北出版，2004.
[17] 縄田和満：Excel による確率入門，朝倉書店，2003.
[18] 藤井　勲：天然原子炉，東京大学出版会，1985.
[19] 蓑谷千凰彦：すぐに役立つ統計分布，東京図書，1998.
[20] 蓑谷千凰彦：統計分布ハンドブック，増補版，朝倉書店，2010.
[21] S. Kokoska and C. Nevison: *Statistical Tables and Formulae*, Springer-Verlag, 1980.

3 章

[22] 池田信行, 高橋陽一郎, 小倉幸雄, 眞鍋昭治郎：確率論教程シリーズ, 確率論入門 1, 培風館, 2006.
[23] 梅垣壽春, 大矢雅則, 塚田　真：可測・積分・確率, 共立出版, 1987.
[24] 佐藤　坦, はじめての確率論　測度から確率へ, 共立出版, 1994.
[25] 宮沢政清, 確率と確率過程, 現代数学ゼミナール 17, 近代科学者, 1993.
[26] P. Billingsley: *Probability and Measure* 3rd Edition, John Wiley & Sons, 1995.
[27] E. L. Lehmann and G. Casella: *Theory of Point Estimation*, 2nd Edition, Springer-Verlag, 1998.

4 章

[28] 石村園子：やさしく学べる統計学, 共立出版, 2006.
[29] 大村　平：統計解析のはなし, 改訂版, 日科技連出版社, 2006.
[30] 竹内　啓, 広津千尋, 公文雅之, 甘利俊一：統計科学のフロンティア, 統計学の基礎 II, 岩波書店, 2003.
[31] 縄田和満：Excel による統計入門—Excel2007 対応版, 朝倉書店, 2007.
[32] 野田一雄, 宮丘悦良：入門・演習　数理統計, 共立出版, 1990.
[33] 蓑谷千凰彦：統計学入門, 東京図書, 2004.

5 章

[34] 石川　馨, 米山高範：分散分析法入門, 日科技連出版社, 1967.
[35] 石村貞夫：分散分析のはなし, 東京図書, 1992.
[36] 石村貞夫：すぐわかる多変量解析, 東京図書, 1992.
[37] 石村貞夫：すぐわかる統計解析, 東京図書, 1993.
[38] 大村　平：実験計画と分散分析のはなし, 日科技連出版社, 1984.
[39] 大村　平：多変量解析のはなし, 改訂版, 日科技連出版社, 2006.
[40] 奥野忠一, 久米　均, 芳賀敏郎, 吉澤　正, 多変量解析法(改訂版), 日科技連出版社, 1981.
[41] 菅　民郎：多変量解析の実践 (上), (下), 現代数学社, 1993.
[42] 菅　民郎：多変量統計分析, 現代数学社, 1996.
[43] 縄田和満：Excel 統計解析ボックスによる統計分析, 朝倉書店, 2001.
[44] 廣津千尋：シリーズ新しい応用数学 13, 分散分析, 教育出版社, 1976.
[45] 田中　豊, 脇本和昌：多変量解析法, 現代数学社, 1983.

6 章

[46] 佐和隆光：回帰分析, 朝倉書店, 1979.
[47] J. ジョンストン (竹内　啓ほか訳)：計量経済学の方法, 全訂版 (上), (下), 東洋経済新報社, 1975.

- [48] 縄田和満：Excel による回帰分析入門，朝倉書店，1998.
- [49] 森棟公夫：プログレシップ経済学シリーズ，計量経済学，東洋経済新報社，1999.
- [50] 蓑谷千凰彦：計量経済学，東洋経済新報社，1988.
- [51] 山本　拓：計量経済学，新世社，1995.

7 章

- [52] 縄田和満：Excel による線形代数入門，朝倉書店，1999.
- [53] 畠中道雄：計量経済学の方法，改訂版，創文社，1996.
- [54] 蓑谷千凰彦：計量経済学大全，東洋経済新報社，2007.
- [55] T. Amemiya: *Advanced Econometrics*, Harvard University Press, 1985.
- [56] W. H. Greene: *Econometric Analysis*, 6th Edition, Prentice Hall, 2008.

おわりに

　本書では，確率・統計データ解析について，その基礎から説明した．内容的には，筆者が東京大学工学部で行ってきた講義(数理手法 I)にもとづいている．なお，本書は，以前に著者が執筆した本[17, 31, 43, 48]などを参考に，筆者が東京大学で行ってきた講義の内容を反映させて工学教程の教科書としてふさわしいように，内容を深化させ新たに執筆したものである．一部の内容に前記の著書との重複点があることはご了解頂きたい．また，確率や統計についてのまったくの初心者は巻末の参考文献 [3] などで，あわせてその基礎を学習することが望ましい．さらに詳しい内容については巻末の参考書を参照されたい．

　出版に関しては，丸善出版株式会社編集部の方々にたいへんお世話頂いた．心からお礼申し上げたい．

　なお，Excel は米国 Microsoft 社の米国および世界各地における商標または登録商標であり，そのほか本文中に現れる製品名は各社の商標または登録商標であるが，本文中には TM マークなどは逐一明記はしていない．

2013 年 9 月

縄　田　和　満

索　引

欧　文

Bayes (ベイズ) の定理 (Bayes' theorem)　18
Bernoulli (ベルヌーイ) 試行 (Bernoulli trial)　23
Berry–Essen (ベリー–エシーン) の不等式 (Berry–Esseen inequality)　68
Borel (ボレル) 集合体 (Borel field, Borel set)　152
Cauchy (コーシー) 分布 (Cauchy distribution)　36
Chebyshev (チェビシェフ) の不等式 (Chebyshev's inequality)　161
Cramér–Rao (クラメル–ラオ) の不等式 (Cramér–Rao's inequality)　119
de Morgan (ド・モルガン) の法則 (de Morgan's law)　6
Edgeworth (エッジワース) 展開 (Edgeworth expansion)　68
Fisher (フィッシャー) の z 変換 (Fisher's z-transformation)　101
F 分布 (F-distribution)　91
Gauss–Markov (ガウス–マルコフ) の定理 (Gauss–Markov's theorem)　118
Gauss (ガウス) 分布 (Gaussian distribution)　33
Kullback–Leibler (カルバック–ライブラー) 情報量 (Kullback–Leibler criterion)　130
Lebesgue (ルベーグ) 測度 (Lebesgue measure)　153
Poisson (ポアソン) の小数の法則 (Poisson's law of small number)　24
Poisson (ポアソン) 分布 (Poisson distribution)　24
p 値 (p-value)　81, 82
Riemann–Stieljes (リーマン–スティルチェス) 積分 (Rieman–Stieltjes integral)　63
r 次平均収束 (convergence in the r-th mean)　157
Schwarz の Bayesian (シュワルツのベイズ) 情報基準 (Schwarz Bayesian information criterion)　130
t 値 (t-ratio)　121
t 分布 (t-distribution)　74
Venn (ベン) 図 (Venn diagram)　3
Weibull (ワイブル) 分布 (Weibull distribution)　34
Welch (ウェルチ) の検定 (Welch's test)　91
Wilcoxson (ウィルコクスン) の順位和検定 (Wilcoxson rank sum test)　101
Wilcoxson (ウィルコクスン) の符号付順位検定 (Wilcoxson signed rank test)　101

あ　行

赤池の情報量基準 (Akaike information criterion)　130
アクチニウム系列 (Actinium series)　25
当てはめ値 (fitted value)　117
一元配置 (one-way layout)　95
一様分布 (uniform distribution)　30
一致推定量 (consistent estimator)　72
一般平均 (grand mean)　95
因子 (factor)　95
ウィルコクスンの順位和検定　→ Wilcoxson の順位和検定

索引

ウィルコクスンの符号付順位決定
　　　→ Wilcoxson の符号付順位検定
ウェルチの検定　→ Welch の検定
ウラン系列 (uranium series)　25
エッジワース展開　→ Edgeworth 展開

か行

回帰 (regression)　115
回帰関数 (regression function)　115
回帰残差 (residual)　117
回帰している (regressed)　115
回帰値 (regressed value)　117
回帰分析 (regression analysis)　115
回帰方程式 (regression equation)　115
階級 (class)　84
χ^2 分布 (χ-square distribution)　73
概収束 (convergence almost everywhere)　156
階乗 (factorial)　13
階乗モーメント母関数 (factorial moment generating function)　44
外生変数 (exogenous variable)　115
ガウス分布　→ Gauss 分布
ガウス–マルコフの定理
　　　→ Gauss–Markov の定理
確率1で (with probability 1)　156
確率関数 (probability function)　21
確率空間 (probability space)　153
確率収束 (convergence in probability)　157
確率測度 (probability measure)　152
確率分布 (probability distribution)　21
確率母関数 (probability generating function)　44
確率密度関数 (probability density function)　27
下限信頼限界 (lower confidence limit)　77
仮説検定 (hypothesis testing)　79
可測 (measurable)　3
可測関数 (measurable function)　154
可測空間 (measurable space)　152

片側検定 (one-tailed test)　80
偏り (bias)　129
カルバック–ライブラー情報量
　　　→ Kullback–Leibler 情報量
観測度数 (observed frequency)　98
ガンマ関数 (gamma function)　30
ガンマ分布 (gamma distribution)　29
幾何分布 (geometric distribution)　26
棄却 (reject)　79
期待値 (expected value)　22
期待度数 (expected frequency)　98
帰無仮説 (null hypothesis)　79
キュミュラント母関数 (cumulant generating function)　43
共分散 (covariance)　48
空集合 (empty event)　3
組合せの数 (combination)　13, 15
クラメル–ラオの不等式　→ Cramér–Rao の不等式
クロスセクションデータ (cross section data)　84
決定係数 (coefficient of determination)　119
検定統計量 (test statistic)　81
効果 (effect)　95
国勢調査 (census)　69
誤差項 (error term)　116
コーシー分布　→ Cauchy 分布
固定効果 (fixed effect)　134
根元事象 (elementary event)　3

さ行

最小二乗推定量 (least squares estimator)　117
最小二乗法 (least squares method)　117
再生的 (reproductive)　53
採択 (accept)　80
最尤推定値 (maximum likelihood estimate)　124
最尤推定量 (maximum likelihood estimator)　124

最尤法 (maximum likelihood method) 124
最良線形不偏推定量 (best linear unbiased estimator) 118
最良線形不偏予測量 (best linear unbiased predictor) 148
最良不偏推定量 (best unbiased estimator) 119
σ 集合体 (σ-field, σ-algebra) 151
時系列データ (time series data) 84
事後確率 (posterior probability) 18
事象 (event) 3
指数分布 (exponential distribution) 28
事前確率 (prior probability) 18
弱収束 (convergence weakly) 158
重回帰分析 (multiple regression analysis) 122
重相関係数 (multiple regression coefficient) 130
従属変数 (dependent variable) 115
周辺確率 (marginal probability) 99
周辺確率分布 (marginal probability distribution) 49
周辺度数 (marginal frequency) 99
シュワルツのベイズ情報基準 → Schwarz の Bayes 情報基準
順列の数 (permutation) 13
上限信頼限界 (upper confidence limit) 77
条件付確率 (conditional probability) 9, 49
条件付確率密度関数 (conditional probability density function) 50
条件付期待値 (conditional expectation) 50
条件付分散 (conditional variance) 50
信頼区間 (confidence interval) 77
信頼係数 (confidence coefficient) 77
水準 (level) 95
推定 (estimation) 70
推定値 (estimate) 118

推定量 (estimator) 70
正規分布 (normal distribution) 33
正値定符行列 (positive definite matrix) 62
積事象 (intersection of events) 5
積率相関係数 (product-moment correlation coefficient) 100
説明変数 (explanatory variable) 115
漸近分布 (asymptotic distribution) 68
線形回帰 (linear regression) 115
全数調査 (complete survey) 69
尖度 (kurtosis) 39
相関係数 (correlation coefficient) 48
相対度数 (relative frequency) 85

た 行

第一種の誤り (type I error) 80
対数最大尤度 (log of maximum likelihood) 125
対数正規分布 (log-normal distribution) 33
大数の強法則 (strong law of large numbers) 65
大数の弱法則 (week law of large numbers) 65
大数の法則 (law of large numbers) 47, 64
対数尤度 (log of likelihood) 124
第二種の誤り (type II error) 80
対立仮説 (alternative hypothesis) 79
多項分布 (multinomial distribution) 62
多重共線性 (multicollinearity) 122, 133
たたみこみ (convolution) 52
多変量 (多次元) 正規分布 (multivariate normal distribution) 62
ダミー変数 (dummy variable) 131
単純回帰分析 (simple regression analysis) 115
単純ランダムサンプリング (simple random sampling) 70

チェビシェフの不等式　→ Chebyshev の不等式
中間順位 (mid-rank)　104
中心極限定理 (central limit theorem)　47, 64
適合度の χ^2 検定 (χ^2-test of goodness of fit)　97
統計学的推測 (statistical inference)　69
統計量 (statistic)　71
同時確率 (joint probability)　99
同時確率分布 (joint probability distribution)　47
同時確率密度関数 (joint probability function)　47, 55
同時分布関数 (joint distribution function)　48
特性関数 (characteristic function)　43
独立 (independent)　11
独立同一分布 (independent and identically distributed)　65
独立変数 (independent variable)　115
度数 (frequency)　84
ド・モルガンの法則　→ de Morgan の法則

な 行

内生変数 (endogenous variable)　115
二項係数 (binomial coefficient)　16
二項定理 (binomial theorem)　16
二項分布 (binomial distribution)　23
2 標本検定 (two-sample test)　89, 101
ノンパラメトリック検定 (non-parametric test)　101

は 行

排反事象 (disjoint events)　5
ハザード関数 (hazard rate function)　35
パーセント点 (percent point)　78
パネルデータ (panel data)　84
半減期 (half-life)　29

半正値定符号行列 (semi-positive definite matrix)　144
ヒストグラム (histogram)　85
被説明変数 (explained variable)　115
標準誤差 (standard error)　120
標準正規分布 (standard normal distribution)　33
標準偏差 (standard deviation)　22
標本 (sample)　69
標本 (偏) 回帰係数 (sample (partial) regression coefficient)　117
標本回帰直線 (sample regression line)　117
標本回帰方程式 (sample regression equation)　117
標本空間 (sample space)　3
標本抽出 (sampling)　69
標本点 (sample point)　3
フィッシャーの z 変換　→ Fisher の z 変換
不完全ガンマ関数 (incomplete gamma function)　30
不完全ベータ関数 (incomplete beta function)　31
負の二項分布 (negative binomial distribution)　26
不偏推定量 (unbiased estimator)　72
分散 (variance)　22
分散–共分散行列 (variance–covariance matrix)　58, 62, 139
分散均一性 (homoskedasticity)　116
分散分析 (analysis of variance)　95
分布関数 (distribution function)　22
分布収束 (convergence in distribution)　157
平均 (mean)　22
平均二乗誤差 (mean squared error)　129
ベイズの定理　→ Bayes の定理
べき等行列 (idempotent matrix)　142
ベータ関数 (beta function)　31
ベリー–エシーンの不等式　→ Berry–Essen

の不等式
ベルヌーイ試行　→ Bernoulli 試行
ベン図　→ Venn 図
ポアソンの小数の法則　→ Poisson の小数の法則
ポアソン分布　→ Poisson 分布
法則収束 (convergence in law)　157
母 (偏) 回帰係数 (population (partial) regression coefficient)　116
母回帰方程式 (population regression equation)　116
補事象 (complement)　5
母集団 (population)　69
母数 (population parameter)　70
ほとんど確実に (almost surely, a.s. と略す)　156
母分散 (population variance)　70
母平均 (population mean)　70
ボレル集合体　→ Borel 集合体

ま　行

メディアン (median)　22
モード (mode)　22
モーメント (moment)　38
モーメント母関数 (moment generating function)　42

や　行

有意 (significant)　79
有意水準 (significance level)　79
尤度 (likelihood)　124
尤度関数 (likelihood function)　124
尤度比検定 (likelihood ratio test)　127

ら　行

離散型 (discrete type)　21
リーマン–スティルチェス積分　→ Riemann–Stieljes 積分
両側検定 (two-tailed test)　80
累積相対度数 (cumulative relative frequency)　85
累積度数 (cumulative frequency)　85
累積分布関数 (cumulative distribution function)　22
ルベーグ測度　→ Lebesgue 測度
連続型 (continuous type)　26

わ　行

歪度 (skewness)　39
ワイブル分布　→ Weibull 分布
和事象 (union of events)　5

東京大学工学教程

編纂委員会	原 田　　　昇	(委員長)
	北 森 武 彦	
	小 芦 雅 斗	
	関 村 直 人	
	高 田 毅 士	
	永 長 直 人	
	野 地 博 行	
	藤 原 毅 夫	
	水 野 哲 孝	
	吉 村　　　忍	(幹　事)
数学編集委員会	永 長 直 人	(主　査)
	竹 村 彰 通	
	室 田 一 雄	
物理編集委員会	小 芦 雅 斗	(主　査)
	押 山 　 淳	
	小 野 　 靖	
	近 藤 高 志	
	高 木 　 周	
	高 木 英 典	
	田 中 雅 明	
	陳 　 　 昱	
	山 下 晃 一	
	渡 邉 　 聡	
化学編集委員会	野 地 博 行	(主　査)
	加 藤 隆 史	
	高 井 まどか	
	野 崎 京 子	
	水 野 哲 孝	
	宮 山 　 勝	
	山 下 晃 一	

2013 年 9 月

著者の現職

縄田和満（なわた・かずみつ）
東京大学名誉教授

東京大学工学教程　基礎系　数学
確率・統計 I

　　　　　平成 25 年 10 月 10 日　発　　　行
　　　　　令和 7 年 3 月 30 日　第 5 刷発行

編　者　　東京大学工学教程編纂委員会

著　者　　縄　田　和　満

発行者　　池　田　和　博

発行所　　丸善出版株式会社
　　　　　〒101-0051 東京都千代田区神田神保町二丁目17番
　　　　　編集：電話 (03)3512-3266／FAX (03)3512-3272
　　　　　営業：電話 (03)3512-3256／FAX (03)3512-3270
　　　　　https://www.maruzen-publishing.co.jp

© The University of Tokyo, 2013

印刷・製本／大日本印刷株式会社

ISBN 978-4-621-08715-2 C 3341　　　　Printed in Japan

JCOPY 〈(一社)出版者著作権管理機構　委託出版物〉
本書の無断複写は著作権法上での例外を除き禁じられています．複写される場合は，そのつど事前に，(一社)出版者著作権管理機構（電話 03-5244-5088, FAX 03-5244-5089, e-mail: info@jcopy.or.jp）の許諾を得てください．